高职高专项目导向系列教材

功能涂料制备技术

杨连成　主编

化学工业出版社

·北京·

本书为了满足高职教学中对功能涂料领域教学的需求，通过功能涂料基础知识的介绍以及典型功能涂料的制备，提高学生对功能涂料领域专业知识和技能的掌握。全书包括功能涂料基础知识，主要介绍功能涂料的定义、特点、分类、组成、应用、成膜工艺及质量检测等；功能涂料的制备，主要介绍了防火涂料、防水涂料、耐磨涂料、阻尼涂料、抗菌涂料、防腐蚀涂料、示温涂料、发光涂料等典型功能涂料的制备方法。

本书既可作为高职高专化工技类和高分子材料应用专业学生的教材，也可作为相关行业技术人员的参考书。

图书在版编目（CIP）数据

功能涂料制备技术/杨连成主编. —北京：化学工业出版社，2015.10（2024.2重印）
高职高专项目导向系列教材
ISBN 978-7-122-25089-6

Ⅰ.①功… Ⅱ.①杨… Ⅲ.①功能材料-涂料-制备-高等职业教育-教材 Ⅳ.①TQ630.6

中国版本图书馆CIP数据核字（2015）第209357号

责任编辑：张双进　　文字编辑：向　东
责任校对：宋　玮　　装帧设计：刘丽华

出版发行：化学工业出版社（北京市东城区青年湖南街13号　邮政编码100011）
印　　装：北京科印技术咨询服务有限公司数码印刷分部
787mm×1092mm　1/16　印张$6\frac{1}{4}$　字数137千字　2024年2月北京第1版第3次印刷

购书咨询：010-64518888　　售后服务：010-64518899
网　　址：http://www.cip.com.cn
凡购买本书，如有缺损质量问题，本社销售中心负责调换。

定　　价：20.00元

编 委 会

序

辽宁石化职业技术学院是于2002年经辽宁省政府审批，辽宁省教育厅与中国石油锦州石化公司联合创办的与石化产业紧密对接的独立高职院校，2010年被确定为首批“国家骨干高职立项建设学校”。多年来，学院深入探索教育教学改革，不断创新人才培养模式。

2007年，以于雷教授《高等职业教育工学结合人才培养模式理论与实践》报告为引领，学院正式启动工学结合教学改革，评选出10名工学结合教学改革能手，奠定了项目化教材建设的人才基础。

2008年，制订7个专业工学结合人才培养方案，确立21门工学结合改革课程，建设13门特色校本教材，完成了项目化教材建设的初步探索。

2009年，伴随辽宁省示范校建设，依托校企合作体制机制优势，多元化投资建成特色产学研实训基地，提供了项目化教材内容实施的环境保障。

2010年，以戴士弘教授《高职课程的能力本位项目化改造》报告为切入点，广大教师进一步解放思想、更新观念，全面进行项目化课程改造，确立了项目化教材建设的指导理念。

2011年，围绕国家骨干校建设，学院聘请李学锋教授对教师系统培训“基于工作过程系统化的高职课程开发理论”，校企专家共同构建工学结合课程体系，骨干校各重点建设专业分别形成了符合各自实际、突出各自特色的人才培养模式，并全面开展专业核心课程和带动课程的项目导向教材建设工作。

学院整体规划建设的“项目导向系列教材”包括骨干校5个重点建设专业（石油化工生产技术、炼油技术、化工设备维修技术、生产过程自动化技术、工业分析与检验）的专业标准与课程标准，以及52门课程的项目导向教材。该系列教材体现了当前高等职业教育先进的教育理念，具体体现在以下几点：

在整体设计上，摈弃了学科本位的学术理论中心设计，采用了社会本位的岗位工作任务流程中心设计，保证了教材的职业性；

在内容编排上，以对行业、企业、岗位的调研为基础，以对职业岗位群的责任、任务、工作流程分析为依据，以实际操作的工作任务为载体组织内容，增加了社会需要的新工艺、新技术、新规范、新理念，保证了教材的实用性；

在教学实施上，以学生的能力发展为本位，以实训条件和网络课程资源为手段，融教、学、做为一体，实现了基础理论、职业素质、操作能力同步，保证了教材的有效性；

在课堂评价上，着重过程性评价，弱化终结性评价，把评价作为提升再学习效能的反馈工具，保证了教材的科学性。

目前，该系列校本教材经过校内应用已收到了满意的教学效果，并已应用到企业员工培训工作中，受到了企业工程技术人员的高度评价，希望能够正式出版。根据他们的建议及实际使用效果，学院组织任课教师、企业专家和出版社编辑，对教材内容和形式再次进行了论证、修改和完善，予以整体立项出版，既是对我院几年来教育教学改革成果的一次总结，也希望能够对兄弟院校的教学改革和行业企业的员工培训有所助益。

感谢长期以来关心和支持我院教育教学改革的各位专家与同仁，感谢全体教职员工的辛勤工作，感谢化学工业出版社的大力支持。欢迎大家对我们的教学改革和本次出版的系列教材提出宝贵意见，以便持续改进。

辽宁石化职业技术学院　院长

2012 年春于锦州

前言

功能涂料是现代涂料工业中最活跃的领域。随着国民经济的发展和科学技术的进步，涂料不仅要具有保护和装饰的传统功能，还要能够满足经济建设各行各业在特种条件下的特殊功能要求。在功能材料的研究和应用中，功能涂料已经占有十分重要的地位，并将在更多领域发挥更大作用。

本书的编写主要是为了满足高职教学中对功能涂料领域教学的需求，通过功能涂料基础知识的介绍以及典型功能涂料的制备，提高学生对功能涂料领域专业知识和技能的掌握。情境一　功能涂料基础知识，主要介绍功能涂料的分类、组成、成膜工艺及质量检测等。情景二　功能涂料的制备，主要介绍8种典型功能涂料的制备方法，内容编写上尽量贴近涂料生产实际，以生产过程为主线，将涂料的制备操作实训融入教学，实现“教、学、做”一体化。为适应高职以任务驱动、项目导向教学的改革趋势，本书以教学任务的形式编写，每一个任务相对独立，实际教学中可以灵活安排。

书中功能涂料的制备按照任务介绍、任务分析、相关知识、任务实施、归纳总结、综合评价、任务拓展等项目化课程体例格式编写，逻辑清晰、直观易读。

本书情境一、情境二任务一、四、八由辽宁石化职业技术学院杨连成编写；情境二任务二由辽宁石化职业技术学院晏华丹编写，情境二任务三由辽宁石化职业技术学院付丽丽编写，情境二任务五由辽宁石化职业技术学院赵明睿编写，情境二任务六由辽宁石化职业技术学院国玲玲编写，情境二任务七由辽宁石化职业技术学院田静博编写，全书由杨连成统稿。

本书在编写过程中，得到了辽宁石化职业技术学院张立新、付丽丽、赵若东、石红锦等老师的大力支持，在此表示感谢！

由于编者的水平有限，难免存在不妥之处，敬请大家批评指正。

编者

2014年8月

目录

情境一

功能涂料基础知识

任务一　解读功能涂料

一、功能涂料的定义

涂料是一种含有成膜物质的材料，它可以借助某种特定的施工方法涂覆在物体表面，经干燥固化后能形成连续性的涂膜，对被涂物体具有装饰、保护或其他特殊功能。功能涂料是具有特殊功能的涂料的总称，也称专用涂料。功能涂料一般为特殊用途设计，具有一种或几种特殊功能。

功能涂料的种类多样，可实现许多特殊功能，如发光、屏蔽射线、吸收太阳能、标志颜色、防火、防水、耐磨、防滑、自润滑、隔声、减震、磁性、导电、屏蔽电磁波、防静电、防污、防霉、杀菌、防腐、防海洋生物黏附、示温和温度标记等。随着国民经济的发展和科学技术的进步，以及人们对新材料、新功能的不断追求，功能涂料的发展将越来越迅速，品种也会越来越多。在未来，功能涂料将在更广泛的领域提供越来越专业化、越来越完善、越来越强大的功能。

二、功能涂料的特点

1. 具有特定功能和专用性质

这是功能涂料的基本属性。功能涂料与一般涂料的区别就在于其在特定领域具有特定的功能，可以实现更加专业性的需求。

2. 技术密集程度高

由于功能涂料的专用性特征，同时在生产过程中出于各种化学的、物理的、生理的、技术的、经济的要求和考虑，产品升级换代比较频繁，所以功能涂料产业是高技术密集度的产业，需要投入大量的人力、物力进行研究和开发。

3. 小批量、多品种

功能涂料一般生产规模较小，单元设备投资费用低，但设备要具有一定的通用性，以适应多品种轮换生产的需要。

4. 大多以间歇方式生产

由于功能涂料生产批量小，工艺相对复杂，不宜采用连续化生产装置，普遍采用间歇式生产方式，这样有利于生产计划和生产工艺的调整。

5. 商品性强

由于用户对商品的选择性很高，市场竞争十分激烈，因而技术应用和技术服务是功能涂料生产和应用的两个重要环节。

三、功能涂料的分类

涂料有许多种分类方法，可从不同角度进行分类，如根据成膜物质、溶剂、颜料、成膜机理、施工顺序、应用对象、对环境的作用原理或性能等进行分类。例如，涂料按成膜物质种类可分为酚醛、醇酸、氨基、硝基、环氧、丙烯酸、聚氨酯、聚酯树脂涂料等；按涂料的外观和基本性能分为清油、清漆、厚漆、调合漆、磁漆等；按涂料的基本功能分为底漆、腻子、中间漆、面漆、罩光漆等；按涂料的性状形态分为溶液型涂料、乳胶涂料、溶胶涂料、粉末涂料等；按涂膜的性状形态分为有光涂料、半光涂料、无光涂料、多彩美术涂料等；按涂料的施工方法分为刷涂漆料、喷涂涂料、浸涂涂料、淋涂涂料、静电喷漆、电泳涂料等；按应用对象分为汽车涂料、船舶涂料、飞机涂料、木器涂料、塑料涂料、铅笔漆、罐头漆等。

功能涂料一般按对环境的作用原理或性能分类，具体可分为特种功能涂料、特种表面性能涂料、特种装饰涂料、特种材料涂料、特种固化机理或特殊成膜工艺涂料等，详细见表1-1。

表 1-1 功能涂料按对环境的作用原理或性能分类

特种功能	电功能	导电涂料、电绝缘涂料、电场缓和涂料、电子画线涂料、抗静电涂料、印刷电路涂料、集成电路涂料、电波吸收涂料、电磁波屏蔽涂料、磁性涂料
	磁功能	磁性涂料
	光功能	发光涂料、荧光涂料、蓄光涂料、液晶涂料、伪装涂料、选波吸收涂料、道路标志涂料、红外线辐射涂料、光反射涂料、光敏涂料
	声波功能	阻尼涂料
	机械-物理功能	厚膜涂料、润滑涂料、防滑涂料、膨胀涂料、应变涂料、非黏附型涂料、防结雾涂料、防冰雪涂料、高弹性涂料、防碎裂涂料、表面硬化涂料、原子灰
	热功能	耐热涂料、防火涂料、示温涂料、热反射涂料、热吸收涂料、耐低温涂料、航天器热控涂料、烧蚀涂料
	生物功能	防污涂料、防霉涂料、杀虫涂料、水产营养涂料、牙料涂料
	防放射功能	防放射物污染涂料、防射线涂料、耐射线涂料
	防腐蚀功能	防锈涂料、重防腐蚀涂料、耐酸碱涂料、耐化学药品涂料、耐沸水涂料
特种表面性能	塑料表面用	塑料用涂料、塑料电镀用涂料、塑料镜片用涂料
	材料临时保护用	可剥性涂料、涂膜保护剂
	材料表面净化用	防污涂料、自净化涂料
	涂层剥离用	脱漆剂
特种装饰性	表面形态装饰	皱纹涂料、结晶形涂料、裂纹涂料、锤纹涂料、碎落状涂料
	色泽	多彩涂料、金属光泽涂料、珠光涂料
特殊材料	金属盐类	航天器热控涂料、选波吸收涂料、红外线吸收涂料
	金属氧化物类	防污涂料
	玻璃陶瓷类	耐热涂料、自净化涂料、防高温氧化涂料、隔热涂料、防腐涂料、绝缘涂料
	无机-有机复合膜	丙烯酸乳液-水玻璃-锌复合涂料
特殊固化机理或特殊成膜工艺	辐照固化	紫外线固化涂料、电子束固化涂料、放射线固化涂料
	电泳涂覆	阴极电泳涂料、阳极电泳涂料
	粉末静电喷涂	环氧粉末涂料、聚酯粉末涂料、丙烯酸酯粉末涂料
	蒸气固化	胺固化涂料
	复层一次涂膜	层涂膜涂料

四、功能涂料的组成

功能涂料的种类众多，但基本上都是由成膜物质、颜料、溶剂和助剂组成。

1. 成膜物质

成膜物质是组成功能涂料的基础，也称基料或黏结剂，是形成涂膜的连续相的物质。它具有黏结涂料中其他组分形成涂膜的功能，它是决定涂膜性质的决定性因素。

在涂料的储存和运输期间，成膜物不应发生明显的物理和化学变化；涂料涂装后，在规定条件下，涂料能够按要求固化成膜。热塑性涂料的成膜物在成膜前就是聚合物。热固性涂料的成膜物是低聚物，交联成膜后形成聚合物膜。成膜物一般由天然油脂、天然树脂、人造树脂、合成树脂及无机物质等构成，见表 1-2。

表 1-2　成膜物的构成

成膜物	构　成
天然油脂	干性油：桐油、亚麻仁油、苏子油、脱水蓖麻油 半干性油：豆油、葵花油、玉米油、棉子油 不干性油：蓖麻油、椰子油、花生油
天然树脂	虫胶、松香、沥青、天然漆
人造树脂	硝基纤维、乙基纤维、氯化橡胶、石灰松香、甘油松香
合成树脂	酚醛、无油醇酸、氨基、聚酯、丙烯酸、聚乙烯、环氧、聚酰胺、过氯乙烯、聚氨酯等
无机物	硅酸盐、磷酸盐、胶体二氧化硅、胶体氢氧化铝、硅酸烷酯等

功能涂料成膜物质的最基本特征是它经施工能够形成均匀的涂膜，并为涂膜提供所需的各种性能。还要与涂料中加入的其他组分有良好的相容性，形成均匀的分散体。成膜物质可以是液态，也可以是固态。功能涂料很少采用单一品种的成膜物质，经常采用几种树脂互相补充或互相改性，以满足多方面的性能需求，有时也采用有机树脂与无机物共同组成成膜物质。

功能涂料的成膜物质按在成膜过程中是否发生化学变化可分为非转化型成膜物质和转化型成膜物质。

（1）非转化型成膜物质

成膜物质在涂料成膜过程中组成结构不发生变化，即成膜物质与涂膜的组成结构相同，在涂膜中可以测试出成膜物质的原有结构，这类成膜物质称为非转化型成膜物质，它们具有热塑性，受热软化，冷却后又变硬，多具有可溶解性。由此类成膜物质构成的涂膜，具有与成膜物质同样的化学结构，也是可溶的。

（2）转化型成膜转质

成膜物质在成膜过程中组成结构发生变化，即成膜物质形成与其原来组成结构完全不同的涂膜，这类成膜物质称为转化型成膜物质。它们都具有能起化学反应的官能团，在热、氧或其他物质的作用下能够聚合成与原有组成结构不同的不溶/不熔的网状高聚物，即热固性高聚物。因而所形成的涂膜是热固性的，通常具有网状结构。属于这类成膜物质的品种有：

① 干性油和半干性油：主要来源于植物的植物油脂，它们是具有一定数量官能团的低分子化合物。

② 天然漆和漆酚：也属于含有活性基团的低分子化合物。

③ 低分子化合物的加成物或反应物：如多异氰酸酯的加成物。

④ 合成聚合物：有很多类型。属于低聚合度低相对分子质量的聚合物有聚合度为5～15的低聚物、低相对分子质量的预聚物和低相对分子质量的缩聚型合成树脂，如酚醛树脂、醇酸树脂、聚氨酯树脂、丙烯酸酯低聚物等。属于线型高聚物的合成树脂有热固性丙烯酸树脂等。现在还开发了多种新型聚合物，如基团转移聚合物、互穿网络聚合物等，使其品种不断发展。这两类成膜物质性能的比较见表1-3。

表1-3 两类成膜物质性能的比较

性能	非转换型	转换型
在涂刷黏度下的固体含量(包括颜料)	低(20%～30%)	较高(50%～70%)
主要溶剂及价格	酯类、酮类，价格较高	烃类，价格便宜
漆的干燥条件	可自然干燥，也可在高温下干燥，条件要求不严	条件比较严格，可能要求特殊条件和催化剂。可气干或烘干
涂膜的性质	对溶剂敏感，可重新溶解，损坏后易于修复。经过抛光才能取得高光泽	漆膜不可溶，修补困难，不需抛光就可得到高光泽的漆面
单位面积(相同厚度)漆膜需用量	2～3	<1

2. 颜料

涂料从颜色角度分类可分为无颜色的透明涂料和有颜料的有色涂料。有色涂料又可按颜料的品种和颜色分类。颜料是有色涂料即色漆的重要组成部分。颜料主要起到着色、提供保护、装饰以及降低成本等作用。颜料使涂膜呈现不同色彩，并使涂膜能够遮盖被涂覆的基质，发挥其装饰和保护作用。颜料还能增强涂膜的机械性能和耐久性能等，有些还能赋予涂层防锈、防污、磁性、导电、阻燃等功能。

颜料是用来着色的粉末状物质。在水、油脂、树脂、有机溶剂等介质中不溶解，但能均匀地在这些介质中分散并能使介质着色，而又具有一定的遮盖力。颜料一般为细微的粉末状有色物质。颜料的颗粒大小为0.2～100μm，其形状可以是球状、鳞片状和棒状。一般通常使用的颜料是0.2～10μm的微细粉末。将颜料均匀分散在成膜物质之后即形成色漆。

颜料的品种很多，具有不同的性能和作用。配制涂料时，应根据性能需要选用合适的颜料。颜料按其来源分为天然颜料、合成颜料两大类；按化学成分分类可分为无机颜料和有机颜料；依性能可分为着色颜料、体质颜料和功能性颜料。着色颜料应用广泛，品种也非常多。体质颜料的加入，其目的并不在于着色和遮盖力，一般是作为填料来提高着色颜料的着色效果和降低成本。功能性颜料如防锈颜料、消光颜料、防污颜料、电磁波衰减颜料等，发展迅速，占有越来越重要的地位。每一类颜料又有许多品种。

在涂料中使用最早的是天然无机颜料，现在涂料的颜料仍以无机颜料为主。功能涂料则广泛使用合成颜料，特别是有机颜料，随着材料科技的发展，特种颜料将占有越来越重要的地位。

颜料的使用性能受颜料的形状、颗粒大小及分布、体积分数及在涂料中分散的效果等影响。

3. 助剂

助剂是功能涂料的辅助材料组分。助剂在涂料配方中所占的份额较小，但却起着十分重要的作用。各种助剂在涂料的贮存、施工过程中及成膜后对漆膜的性能起着不可替代的作用。助剂能对涂料或涂膜的某一特定方面的性能起改进作用。近年来，助剂在功能涂料中的使用越来越受到人们的重视，对助剂的研究已成为现代涂料生产技术的重要内容之一。

助剂的使用是根据涂料的不同使用要求而决定的。不同品种的涂料，需要使用不同作用的助剂；即使同一种类型的涂料为达到不同的目的、方法或性能需求，可能使用不同的助剂；一种涂料可能同时加入几种不同的助剂，以发挥其不同的作用。

功能涂料使用了品种繁多的助剂，而且不断有新功能的助剂被开发出来。功能涂料的助剂包括无机和有机化合物，也包括一些高分子聚合物。根据助剂在功能涂料生产、贮存、施工和使用过程中所起的不同作用，可将功能涂料使用的助剂分为四类。

① 对涂料生产过程发生作用的助剂，如乳化剂、分散剂、润湿剂、消泡剂、引发剂、偶联剂等；

② 在涂料储存过程中起作用的助剂，如防沉淀剂、防结皮剂、杀菌防腐剂等；

③ 在涂料施工成膜过程中起作用的助剂，如催干剂、流平剂和防流挂剂等；

④ 对涂料使用性能发生作用的助剂，如增塑剂、消光剂、防霉剂、阻燃剂、防静电剂、紫外线吸收剂、防锈剂、自由基捕获剂等。

4. 溶剂

除了少数无溶剂涂料（如粉末涂料、辐射固化涂料等），溶剂是各种液态涂料中的重要组成部分。溶剂原则上不构成涂膜，也不应留存于涂膜中。溶剂具有溶解或分散成膜物质使其成为液态，降低涂料的黏度，使之易于施工成膜的作用，施工后又能从薄膜中挥发出来，从而使薄膜形成固态涂膜。溶剂对于涂膜的形成与产品质量十分重要。

一般来说，溶剂包括能溶解成膜物质的溶剂、能稀释成膜物质溶液的稀释剂和能分散成膜物质的分散剂。功能涂料中有些品种应用了一些既能溶解或分散成膜物质，又能在成膜过程中与成膜物质发生化学反应，形成新物质而存留于涂膜中的化合物，原则上它们也属于溶剂组分，被称为反应性溶剂或活性稀释剂。传统涂料中的溶剂通常是可挥发性液体，习惯上称为挥发分。

溶剂按化学组成可分为有机溶剂和无机溶剂两大类。其中有机溶剂品种最多，常用的有脂肪烃、芳香烃、醇、酯、醚、酮、氯烃类等，无机溶剂最常用的是水。溶剂按沸点不同可分为高沸点溶剂、中沸点溶剂和低沸点溶剂。一般高沸点溶剂沸点为150～200℃，中沸点溶剂沸点为100～150℃，低沸点溶剂沸点≤100℃。溶剂还可按挥发速度分类，可分为快速、中速、慢速、特慢速等（相对于乙酸丁酯100、乙醚1计）。

在一般的液体功能涂料中，溶剂组分所占比例很大。在热塑性涂料中，一般约占50%（体积分数）甚至更多；在热固性涂料中，一般占30%～50%（体积分数）。有的溶剂在涂料生产中加入，有的在施工时加入，后者常称为稀释剂或稀料。有的涂料使用单一溶剂品种，有的则使用多个溶剂品种。

溶剂的选用除了要考虑溶解性外，还要考虑到挥发速度、闪点、沸点等多种因素。同时，它对涂料的生产、储存、施工和成膜，对涂膜的外观和内在性质及经济性能等都产生重要影响，因此在涂料的生产过程中应慎重选择溶剂品种和用量。

溶剂组分是制备液态功能涂料必需的，但它在施工成膜后要挥发掉，造成环境污染和资源浪费，这是功能涂料在发展过程中需要解决的一个重要问题。

五、功能涂料的应用

随着科技的不断发展和人们对新材料、新功能的不断追求，功能涂料的发展也越来越快，品种越来越多，其应用领域也越来越广泛。功能性涂料作为现代涂料的重要组成部分，其研究和应用也随着涂料专用化和功能化的发展总趋势而不断深化。功能性涂料除了具有一般涂料所具有的装饰和保护两种基本功能外，其涂膜还能通过光、电、热、机械、化学或生物化学作用，以及其他方式进行能量的相互作用、相互转换而产生各种特殊功能。

1. 发光涂料

发光涂料是将发光颜料、树脂、有机溶剂（或水，制得水性发光涂料）、助剂按一定比例通过特殊加工工艺制成的。目前主要采用无毒无放射性的稀土元素，制备的发光涂料起始亮度高、余辉时间长、无放射性危害和耐环境侵蚀且经济环保等优点，被称为绿色节能材料。这种涂料使用时不耗能、免维护、可靠性高，在标志、标识、应急指示和特殊照明等方面获得了广泛的应用。

2. 防火涂料

防火涂料的机理是使可燃物表面隔绝空气，或者涂层高温燃烧形成膨胀隔热层，增加涂层的厚度，延缓物质的燃烧。同时涂层在高温状态下会产生一系列的化学反应，稀释了空气中氧气的浓度，达到抑制物质燃烧的目的。在某些易燃的建筑材料表面涂刷防火涂料，可提高易燃材料的耐火能力，防止或延缓火势蔓延。这类涂料可用于防火门、防火墙、天棚等表面的涂装。防火功能涂料可以分为膨胀型、非膨胀型、烧蚀型等。

3. 防水涂料

防水涂料通常具有憎水性、柔性、弹性、对基层的黏结力等性能，涂刷在被保护物上，能与外界空气及水汽隔离从而起到防水的作用。现在，越来越多的居民开始重视涂料的防水性能，在住宅的厨房、卫生间、地下室等水汽较重地方应用防水涂料，可以有效地防止老化、干裂、变形、折断、分层等现象，延长其使用寿命。目前很多研究人员热衷于对涂料的改性，使涂料能有更强的防水性。我国使用较多的防水涂料有：丙烯酸乳液防水涂料、聚氨酯防水涂料、硅橡胶防水涂料、乙烯-醋酸乙烯防水涂料、改性沥青防水涂料等。

4. 阻尼涂料

阻尼涂料是一种具有减弱振功、降低噪声和一定密封性的特种涂料。阻尼涂料主要涂布处于振动条件下的大面积薄板状壳体上，且已广泛应用于航空、航天、舰船、汽车、机械、纺织、建筑、体育等领域。

5. 导电涂料

导电涂料是涂于高电阻率的高分子材料上，使之具有传导电流和排除积累静电荷能力的特种涂料。与真空溅射、塑料电镀等获得导电层的方法相比．导电涂料具有施工方便、设备简单、成本低廉、应用范围广等诸多优点。尤其适用于各种复杂形状表面的涂覆。导电涂料广泛应用于塑料、橡胶、合成纤维、电子产品等的抗静电和电磁屏蔽上。

6. 抗菌涂料

抗菌涂料是指具有抗菌或杀菌功能的涂料。在配料中加入适量抗菌剂，即可制得抗菌涂料。目前使用的抗菌剂主要有天然抗菌剂（如甲壳素）、有机抗菌剂（如季铵盐类）和无机抗菌剂三大类。例如，在医院病房、手术室及生活空间等细菌密集场所使用 TiO_2 光催化抗菌涂料，可有效地杀死细菌，防止感染。对大肠杆菌的实验证明，弱紫外光照射 30min 后，TiO_2 薄膜表面大肠杆菌的死亡率接近 80%，约 2h 后大肠杆菌可完全消除。

7. 防腐涂料

金属受介质的化学或电化学作用而被破坏的现象称为金属腐蚀。金属防腐不仅在机械动力设备、管道、钢结构等工业领域很普遍，甚至在电子设备、航空航天等高科技领域也相当突出。防腐涂料的防腐功能在于涂层的屏蔽作用、电阻效应、湿附着力、化学钝化和阴极保护作用，因此，防腐涂料被广泛应用于建筑、交通、医疗、石化、电力等行业。目前主要的防腐涂料有环氧树脂涂料、无机涂料、无机-有机聚合物涂料、聚硅氧烷涂料、氟碳涂料、钛纳米聚合物涂料等。其中，有机硅改性聚氨酯和有机氟改性聚氨酯涂料、氟树脂涂料等高性能涂料是防腐涂料发展的热点。

8. 示温涂料

示温涂料主要是由热敏颜料分散在树脂中配制而成的。由于颜料受热达到一定温度而发生物理或化学变化，会明显地改变颜色，从而指示被涂覆物体表面的温度。示温涂料可分为可逆和不可逆两种：可逆性示温涂料是指当物体达到某一温度时，颜色发生明显改变，当温度下降至某一温度以下时，又回复到原来的颜色；不可逆示温涂料则随温度变化而变化，不能再回复到原来的颜色。示温涂料广泛用于航空、电力、炼油、电子、机械、食品、卫生、医疗等各个领域的温度显示和测试。

9. 防辐射涂料

防辐射涂料主要有吸收电磁波涂料、防氡涂料和军事隐形涂料等。吸收电磁波涂料是在原料中加入电损耗或磁损耗填料，通过材料的损耗转变成热能，消除或减少反射电磁波，使人免受电磁辐射损害。在民用产品上的应用也相当广泛，如人体安全防护、微波暗室消除设备和通信及导航系统的电磁干扰、安全信息保密、广播电视发射台的电磁辐射防护、工业科学和医疗设备电磁辐射防护、日常生活用品如微波炉、手机的电磁辐射防护等许多方面。防氡涂料具有屏蔽室内建材释放的氡、降低室内氡浓度的功能。隐身涂料用在军事上，作为隐身技术的关键技术之一，已被应用于导弹飞行器、海军舰艇、隐身装甲车、隐身水雷、隐身火炮、隐身坦克、隐身车辆、隐身雷达、隐身通信系统、隐身工程、隐身工事、隐身机器人、隐身作战服和红外隐身照明弹等技术装备上。

10. 防污涂料

海洋中的植物、动物和微生物附着在舰船上，从而对之产生不利的影响，这种现象称为污损。采用防污涂料，将其涂覆在海洋水下设施和船底防锈漆之上，位于最外层，可以有效地防止海洋生物污损。其主要作用是通过漆膜中毒料的水解、扩散或渗出等方式逐步释放毒料，达到防止海洋附着生物附着于海洋水下设施或船底的目的。新型的防污涂料主要包括有机硅系列和氟化物系列的低表面能防污涂料、导电涂料、生物防污涂料及仿生防污涂料、以可溶性硅酸盐为防污剂的防污涂料、基于离子交换技术的防污涂料等。

11. 感应涂料

此类智能涂料对外部条件或环境如温度、光线、压力、pH 值、电磁场等具有选择性感应和反应能力。

（1）热致变色漆

此类漆含有热致变色颜料，会在一定的温度阈内随温度的变化而明显地改变颜色，起标识和警示作用。

（2）应力/应变感应漆

通过在油漆中引入压电材料可观测下层基材的应力大小。压电效应建立起了电能与力能之间的关联。因此压电材料可用在需要进行电能和力能转换的场合，发现材料从上至下力能的潜在差异。压电漆已被开发应用于探测墙内裂缝，潜在应用包括飞行器、太空车、核电厂、大型建筑、船舶、桥梁和海洋构筑物等的振动传感、损伤探测和结构控制。

（3）压敏/气压致变色漆

采用压敏漆来测定新型飞机和汽车样机在风洞试验中表面压力变化和气流速度，也被用于进行未来航天发射器喷嘴的设计研究。

（4）腐蚀敏感漆

正在开发的掌控油漆降解的新技术之一是可观测和指示早期腐蚀状况的智能涂料，应用领域包括飞机、船壳、公路构筑物、管线、油罐、海上钻井平台等，有变色和荧光两种基本类型。

（5）光致变色涂层

光致变色现象是指在照射光的波长发生改变时，一些有机物或无机物能够可逆地发生颜色或光强的变化。成色和消色过程的可逆性是光致变色反应区别于其他光化学反应的最大特点。光致变色涂层由于其优异的线性和非线性光学性质而被广泛应用在光学波导、光调节器、光学记忆、防伪识别、光学镜片以及纺织行业等上。光致变色涂料或油墨在印刷行业用来实现物体表面的特殊的光学效果和防伪效果，应用在玩具和纺织品如T恤或背包等上提供装饰和防伪功能。在军事上，光致变色涂层用于军事目标的隐身或伪装，成为真正意义上的“变色龙”。

任务二　识读功能涂料的成膜工艺

一、功能涂料的成膜与干燥

生产和使用涂料是为了得到符合需要的涂膜，涂料形成涂膜的过程直接影响涂料能否充分发挥预定的效果，并决定所得涂膜的各种性能能否充分表现出来。涂料的成膜过程就是将涂覆到被涂物表面的涂料由液态（或粉末状），转化成无定形固态薄膜的过程。这一过程也称作涂料的固化或干燥。涂料的干燥速度和程度由涂料本身结构组成、成膜条件（温度、湿度、涂膜厚度等）和被涂物的材质特性所决定。

粉末涂料成膜过程包括聚集、流平、固化三个过程。粉末涂料一般以粉末状态存在，必须熔融后才能附着在被涂物上面，流平后固化成膜，包括：

① 从单独的粉末颗粒，聚集成为一层连续的、不平整的膜，此过程称为聚集过程；

② 从连续不平整的表面流淌形成较为光滑与平整的表面，即流平过程；

③ 熔融的涂液通过交联反应，黏度不断提高，最后固化为坚硬的涂膜，称为固化过程。图 1-1 表示这三个过程。

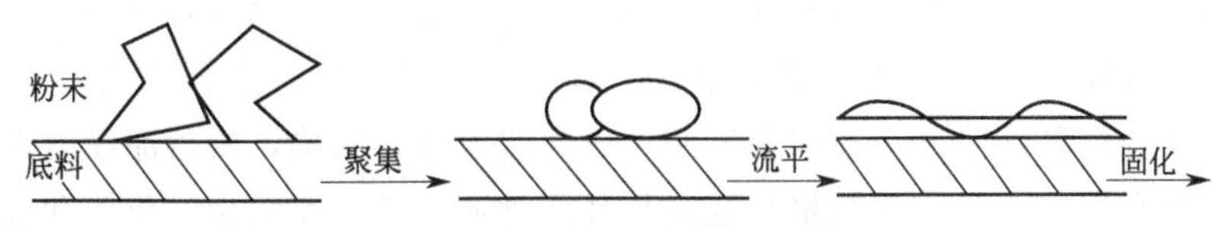

图 1-1　粉末涂料的成膜过程

不同形态和组成的涂料有各自的成膜机理。成膜机理是由涂料所用成膜物质的性质决定的，成膜机理决定了涂料最佳的施工方式和成膜方式。涂料的成膜方式还受涂料中各组分品种和比例的影响。根据涂料成膜物质的性质，涂料的成膜方式分为两大类：由非转化型成膜物质组成的涂料以物理方式成膜；由转化型成膜物质组成的涂料以化学方式成膜。两大类成膜方式中又有不同的形式。现代的涂料大多不是以一种单一的方式成膜，而是依靠多种方式最终涂膜的。各种成膜方式需要不同的成膜条件，成膜条件的变化将影响成膜的效率和效果。

1. 成膜机理

涂料成膜是一个复杂的物理化学过程，根据成膜机理不同，可分为物理成膜和化学成膜两大类。物理成膜包括溶剂或分散介质的挥发成膜和聚合物粒子凝聚成膜两种类型，化学成膜按照高分子聚合机理分为链锁聚合反应成膜和逐步聚合反应成膜两种形式。

(1) 溶剂或分散介质的挥发成膜

这是溶液型或分散型液态涂料在成膜过程中必须经过的一种形式。液态涂料在被涂物件上形成湿膜，其中所含有的溶剂或分散介质挥发到大气中，涂膜黏度逐步加大至一定程度而形成固态涂膜。如果成膜物质全部是非转化型成膜物质，这时就完成了涂料成膜的全过程；如果成膜物质还含有转化型成膜物质，将在溶剂或分散介质挥发的同时再用化学方式成膜。这种挥发成膜方式是液态溶液型或分散型涂料生产的逆过程。涂膜的干燥速度和干燥程度与所用溶剂或分散介质的挥发能力有关，也与溶剂在涂膜中的扩散程度及成膜物质的化学结构、相对分子质量、玻璃化温度、成膜条件和涂膜的厚度有关。现代涂料中的硝酸纤维素漆、过氯乙烯漆、沥青漆、热塑性乙烯树脂漆、热塑性丙烯酸树脂漆和橡胶漆都以溶剂挥发方式成膜。其他溶液型或分散型涂料凡含有溶剂或分散介质组分的，在成膜时都要经过溶剂或分散介质的挥发过程。

(2) 聚合物粒子凝聚成膜

这种成膜方式是涂料依靠高聚物粒子在一定的条件下互相凝聚而成为连续的固态涂膜，这是分散型涂料的主要成膜机理。含有可挥发的分散介质的分散型涂料，如水乳胶涂料、非水分散型涂料以及有机溶胶等，在分散介质挥发的同时产生高聚物粒子的接近、接触、挤压变形而聚集起来，最后由粒子状态的聚集变为分子状态的聚集而形成连续的涂膜。如果涂料是由转化型成膜物质组成的，就在以化学方式形成高聚物以后，再通过粒子凝聚而形成涂膜。所谓水溶性涂料的成膜也是依靠聚合物粒子凝聚成膜。含有不挥发分散介质的涂料，如塑性溶胶，其成膜也是由于分散在介质中的高聚物粒子溶胀、凝聚成膜。

(3) 链锁聚合反应成膜

涂料的链锁聚合反应成膜形式有如下三种。

① 氧化聚合形式　以天然油脂为成膜物质的油脂涂料以及含有油脂组分的天然树脂涂料、酚醛树脂涂料、醇酸树脂涂料和环氧树脂涂料等都是依靠氧化聚合成膜的。氧化聚合属于自由基链式聚合反应，由于所含油脂组分大多为干性油，即混合的不饱和脂肪酸的甘油酯，通过氧化聚合这种自由基链式聚合反应形成网状大分子结构，所得涂膜是不同相对分子质量高聚物的混合体。油脂的氧化聚合速度与其所含亚甲基基团数量、位置和氧的传递速度有关。利用钴、锰、铅、锆等金属促进氧的传递，可加速含有干性油组分涂料的成膜。

② 引发剂引发聚合形式　不饱和聚酯涂料是典型的依靠引发剂引发聚合成膜的。不饱和聚酯树脂含有不饱和基团，当引发剂分解产生自由基以后，作用于不饱和基团，产生链式反应而形成大分子的涂膜。

③ 能量引发聚合形式　一些以含共价键的化合物或聚合物为成膜物质的涂料可以通过能量引发聚合形式而形成涂膜。由于共价键均裂需要较大能量，现代涂料采用了紫外线和辐射能引发作为能量引发的主要形式。以紫外线引发成膜的涂料通常称为光固化涂料，在光敏剂存在下，涂料成膜物质的自由基的加聚反应进行得非常迅速，涂料可在几分钟内固化成膜。利用电子辐射成膜的涂料通常称为电子束固化涂料。电子具有更大的能量，能直接激发含有共价键的单体或激发聚合物生成自由基，在很短的时间内完成加聚反应，从而使涂料固化成膜。电子束固化是目前涂料最快的成膜方式。

（4）逐步聚合反应成膜

依据逐步聚合反应机理成膜的涂料，它们的成膜物质多为分子键上含有可反应官能团的低聚物或预聚物，其成膜形式有缩聚反应、氢转移聚合和外加交联剂固化三种形式。

① 缩聚反应　以含有可发生缩聚反应的官能团的成膜物质组成的涂料按照缩聚反应机理成膜，典型的依靠缩聚反应形式成膜的涂料是氨基醇酸树脂涂料。通过氨基树脂中的烷氧基与醇酸树脂中羟基的缩聚反应，形成以体型结构为主的高分子涂膜。成膜时有小分子化合物从膜中逸出。氨基聚酯涂料和氨基丙烯酸涂料同样以缩聚反应形式成膜。

② 氢转移聚合反应　以含有如氨基酰胺基、羟甲基、环氧基、异氰酸基等可发生氢转移聚合反应的官能团的成膜物质组成的涂料，按氢转移聚合反应形式成膜。在成膜过程中没有小分子化合物生成，所得涂膜以体型结构高聚物为主。有两种类型的涂料以此方式成膜：一种是由一种含有两种不同官能团的成膜物质组成的自交联型涂料，如自交联型丙烯酸涂料；另一种是由两种或两种以上分别含有不同官能团的成膜物质组成的涂料，常见的是胺、酸酐或含官能团树脂固化的环氧树脂涂料和聚氨酯树脂涂料，它们多为分别包装，即所谓双组分涂料。

③ 外加交联剂固化　有些以低相对分子质量线型树脂为成膜物质的涂料，可以依靠外加物质与之反应而固化成膜。外加物质可称为交联剂或催化剂，一般用量较少。催化型聚氨酯涂料即是以此方式成膜。除此以外，依靠成膜时的外界环境条件也能成膜，其是这种成膜形式的变化形式，如湿固型聚氨酯涂料是依靠外界环境中的水分存在而成膜的，近年开发的氨蒸气固化型聚氨酯涂料是依靠在成膜时氨蒸气的存在而成膜的。

2. 涂膜干燥方法

依据不同的成膜机理，各种涂膜需要不同的干燥条件和工艺。涂膜的干燥方法可分为自然干燥、加热干燥、照射固化和气相固化等几类。

(1) 自然干燥

自然干燥是指将涂膜放置在大气中常温下干燥固化，习惯上又称良干或气干。自然干燥仅适合于挥发型、乳液凝聚型、氧化聚合型及某些外加固化剂的聚合型涂料。影响自然干燥涂膜质量的因素有温度、湿度、气候（晴、阴、雨、雾、雪等)、风速、空气清洁度、光照度。一般来说，温度高、湿度小、风速大、光照强的情况下自由干燥快且安全；反之则干燥慢，固化不好，甚至影响涂膜质量。

自然干燥施工简单，不需要能源和特殊固化设备，特别适用于一些不宜或不能进行烘烤的被涂物涂装，如建筑物、工程维修、塑料、纸张、皮革等。

(2) 加热干燥

加热干燥可分为烘烤干燥和强制干燥。烘烤干燥是指对烘烤型涂料的加热干燥，即对不加热就不能干燥的涂料的加热干燥。对能自然干燥的涂料进行加热以促进干燥，缩短干燥时间，则称作强制干燥。

按烘烤温度，加热干燥可分为低温、中温、高温 3 段。低温干燥温度范围为＜100℃，适用于强制性干燥，即本来可以自然干燥，但为缩短干燥时间而烘烤的涂料。如硝基漆、某些醇酸树脂涂料等；中温干燥温度范围为 100～150℃，适用于氨基醇酸树脂涂料、热固性丙烯酸树脂涂料、环氧树脂涂料等；高温干燥温度范围为＞150℃，适用于电泳涂料、粉末涂料、某些有机硅树脂涂料等。

按加热方式分，有对流加热、辐射加热、感应加热 3 种。加热干燥最主要的工艺参数就是烘干温度和烘干时间，这在涂料的产品说明书上必须注明。

(3) 照射固化

照射固化又分为紫外光固化和电子束固化两种，电子束固化因装置价格高、要求严格、照射盲点大、弯面固化效果不好等缺点而未得到广泛应用，与紫外光固化相比，它的优点在于能量高，可用于不透明涂膜的固化。

紫外光固化用的光波是波长在 300～350nm 的近紫外线，含有光敏引发剂的涂膜受照射后产生自由基。由自由基引发不饱和单体或树脂发生聚合反应，实现涂膜交联固化，这个过程很短，一般在几分钟内就能完成。它普遍应用于涂装质量要求高，又不便烘烤的被涂物，如某些木材、纸张、通信光纤等，但它适用于光固化专用涂料，且不能使不透明漆膜固化。

干燥时间与涂料膜厚、紫外光强度、照射距离有关。光强越强，照射距离越近，膜厚越小，干燥时间越短；反之干燥时间就长。工业上所用紫外光源一般有高压水银灯、弧光灯、氙光灯、荧光灯等，其中高压水银灯应用最为普遍。

近年来，为扩大照射固化的应用范围，减少污染，又开发了 γ 射线固化、高频振荡固化等，其原理与紫外光固化基本一致，只是激活引发剂方式不同。

(4) 气相固化

所谓气相固化就是指两种以上具有相互反应性能的预聚物，在汽化了的催化剂气氛中进行反应，使涂膜固化。现阶段实用化的气相固化体系只有在饱和叔胺气氛中使异氰酸酯与含双酚酸的树脂反应，该类涂料属于自由基聚合交联类型。基料与固化剂混合后调到施工黏度的涂料，可采用常规方法进行涂装，涂装后放置一段时间使涂料流平，随后使被涂物进入胺和空气的混合气流中，胺浓度在（1000～1500）$\times10^{-6}$之间，保持 2～3min 就基本固化，然后在一般空气流中放置几分钟即可完全固化。

气相固化设备很简单，只需将一般烘烤线的烘干炉改为胺气室即可。气相固化所用涂料是双组分涂料，通常是氨基甲酸酯改性树脂涂料。

二、功能涂料的涂装方法

涂装是将涂料涂覆于被涂物表面并在其上形成具有所需性能的涂膜。涂装技术经历了漫长的发展历史，形成了多种多样的涂装方法，特别是随着科学技术的进步，连续、高效、节能、自动化与低污染的涂装方法已成为涂装技术的发展趋势。

1. 表面处理

被涂物的表面处理是涂装前的准备工作，它直接影响涂膜的附着力、表观性能和使用寿命。尤其是对于新型高质量涂料、特殊涂装对象（如桥梁、汽车、湿热带使用的设备等）和一些新涂装方法（如静电喷涂、电泳涂装等），对表面处理要求较高。不同的材质有不同的表面处理方法，这里仅对金属和木器两种较为常用的材质加以简介。

（1）金属的表面处理

① 除油　由于各种加工处理，金属制品表面常附着有油膜。常用的除油方法有有机溶剂除油、碱液除油和电化学除油。

② 除锈　金属表面的氧化物和锈渣必须在涂漆之前除尽，否则会严重影响附着力、装饰性与寿命。除锈的办法有手工除锈，即用砂纸、钢丝刷等工具除锈；机械除锈，即用电动刷、电动刷轮及除锈器等除锈；喷砂除锈，这是一种效率高、除锈比较彻底的方法，附着在金属表面的杂质可一并清除干净，且能在表面造成较好的粗糙度，有利于漆膜的附着力。除了用物理方法除锈外，还可用化学方法除锈，例如将钢铁部件用酸浸泡以洗去氧化物。

③ 除旧漆　在各种涂装施工中，经常有一些旧漆需脱除。脱除方法有火焰法，用火焰将漆膜烧软后刮去；碱液处理法，如用氢氧化钠溶液浸洗擦拭金属器件；脱漆剂处理法，主要是借助有机溶剂对漆膜的溶解或溶胀作用来破坏漆膜对基材的附着，以便于清除。脱漆剂中通常用的有机溶剂为酮、酯、烷烃和氯代烃等，配方中还加有石蜡以防溶剂过快地挥发，同时还加有增稠剂，如纤维素醚等以防流挂。当脱漆剂将漆膜软化后即可刮除漆膜并用水冲洗。

④ 磷化处理　磷化处理是将金属通过化学反应在金属表面上生成一层不导电的、多孔的磷酸盐结晶薄膜，此薄膜通常又被称为转化涂层。由于磷化膜有多孔性，涂料可以渗入到这些孔隙中，因而可显著地提高附着力；又由于它是一层绝缘层，可抑制金属表面微电池的形成，因而可大大地提高涂层的耐腐蚀性和耐水性。磷化的方法很多，有化学磷化、电化磷化和喷射磷化，也可用涂布磷化底漆来代替磷化处理。磷化处理材料的主要组成为酸式磷酸盐，可以用 $M(H_2PO_4)_2$来代表，为了防止磷酸和金属反应时放出的氢气对磷化膜结晶的妨害，并将二价铁离子转变为三价铁离子，磷化液内应加有氧化剂，如亚硝酸钠。

⑤ 钝化处理　经磷化处理或经酸洗的钢铁表面，为了封闭磷化层孔隙或使金属表面生成一层很薄的钝化膜，使金属与外界各种介质分离，可进行钝化处理，以取得更好的防护效果。例如经铬酸盐处理，能生成三价和六价铬的铬化层。

（2）木材表面的处理

木材施工前要先晾干或低温烘干（70～80℃），控制含水量在7%～12%，这不仅可防木器因干缩而开裂、变形，也可使涂层不易开裂、起泡、脱落。施工前还要除去未完全脱离的毛束（木质纤维），其方法是经多次砂磨，或在表面刷上虫胶清漆，使毛束竖起发脆，然后再用砂磨除去。木器上的污物要用砂纸或其他方法除去，并要挖去或用有机溶剂溶去木材中的树脂。为了使木器美观，在涂漆之前还要漂白和染色。

2. 涂装方法

（1）手工涂装

手工涂装包括刷涂、滚涂、刮涂等。其中刷涂是最常见的手工涂装法，适用于多种形状的被涂物，省漆，工具简单。涂刷时，机械作用较强，涂料较易渗入底材，可增强附着力。滚涂多用于乳胶涂料的涂装，但只能用于平面的涂装物。刮涂则多用于黏度高的厚膜涂装方法，一般用来涂布腻子和填孔剂。

（2）浸涂和淋涂

将被涂物浸入涂料中，然后吊起滴尽多余的涂料，经过干燥而达到涂装目的的方法称为浸涂。淋涂则是用喷嘴将涂料淋在被涂物上以形成涂层，它和浸涂方法一样适用于大批量流水线生产方式。对于这两种涂装方法最重要的是控制好黏度，因为黏度直接影响漆膜的外观和厚度。

（3）空气喷涂

空气喷涂是通过喷枪使涂料雾化成雾状液滴，在气流带动下，涂到被涂物表面的方法。这种方法，效率高，作业性好。喷涂装置包括喷枪、压缩空气供给和净化系统、输漆装置等。喷涂应在具有排风及清除漆雾的喷漆室中进行。如果在施工前将涂料预热至60～70℃，再进行喷涂，称为热喷涂，热喷涂可节省涂料中的溶剂。

（4）无空气喷涂

无空气喷涂法是靠高压泵将涂料增压至5～35MPa，然后从特制的喷嘴小孔（口径为0.2～1mm）喷出，由于速度高（约100m/s），随着冲击空气和压力的急速下降，涂料内溶剂急速挥发，体积骤然膨胀而分散雾化，并高速地涂着在被涂物上。这种方法大大减少了漆雾飞扬，生产效率高，适用于高黏度的涂料。

（5）静电喷涂

静电喷涂又称高频静电喷涂，这种涂装方法是利用静电基本原理使涂料在电场内带电，并在电场力作用下被吸附于带异性电荷的工件上面完成涂装过程。其工艺过程是：先将高压负电加在有锐边或尖端的电极上，工件接地，使负电极与工件之间造成一个不均匀的静电场。靠电晕现象，首先在负电极附近激发游离出大量电子，用压缩空气或离心动力使涂料初步雾化后进入电场，涂料微粒与电子结合成负粒子，在电场力作用下进一步雾化，然后向异性电极（工件）移动，最终在工件上沉积成膜。

静电喷涂能大幅度提高涂料利用率和生产效率，减少涂料分散及溶剂污染，并能对形状复杂的工件进行良好喷涂。但是它要利用高压静电，喷涂时必须采取可靠的安全措施。

（6）电泳涂装

电泳涂装是应水性涂料的机械化、自动化涂装要求而发展起来的新型涂装技术。电泳涂装过程同时包含着电泳、电解、电沉积和电渗析四个物理化学现象。

① 电泳　在直流电场的作用下，分散介质中的带电粒子向与它所带电荷相反的电极做定向移动。其中，不带电的颜填料粒子吸附在带电荷的树脂粒子上随其做定向移动。

② 电解　当电流通过电泳漆时，水发生电解，阴阳极上分别放出氢气和氧气，该现象会导致电耗增加，漆膜质量下降，应尽量避免。

③ 电沉积　电荷粒子到达相反电极后，放电析出生成不溶于水的漆膜。电沉积是电泳涂装过程中的主要反应。电沉积首先发生在电力线密度高的部位，一旦发生电沉积，工件就具有一定程度的绝缘性，电沉积逐渐向电力线密度低的部位移动，直到工件得到完全均匀的涂层。

④ 电渗析　电渗析是电泳的逆过程。它是指在电场的作用下，刚刚电沉积在工件表面的漆膜中所含的水分从漆膜中渗析出来，进入漆液中。电渗析的作用是将沉积下来的漆膜进行脱水。电渗析好，得到的漆膜致密。

以上 4 种反应中，电泳是使荷电粒子移向工件的主要过程，电沉积和电渗是与涂料粒子在工件上的附着有关的反应，而电解主要起副作用，电解剧烈会影响漆膜质量。

任务三　功能涂料的质量检测

功能涂料在应用于被涂覆材料前是半成品，所形成的涂膜才是成品。涂料与塑料、橡胶、纤维等高聚物材料不同，它本身不能独立存在，必须黏附在其他被涂物件上，才能成为材料。由于被涂物件是多种多样的，使用条件也各不相同，因而涂料与涂膜必须具备被涂物件所要求的性能，即被涂物件的使用要求，这是确定涂料和涂膜性能优劣的依据。

功能涂料的质量检测包括涂料性能、涂膜性能和施工性能等方面，每个方面又有多项技术指标，各技术指标综合起来共同表示涂料的质量和性能。这些指标构成涂料的产品标准，它具有统一性、科学性、广泛性、约束性和可行性。技术指标又是以指定的检测方法的测定结果来表示。一个涂料产品研制和生产出来，要制定产品标准，作为评定本产品的依据。

一、涂料性能及其测定

涂料在未使用前应具备的性能，或称涂料原始状态的性能，所表示的是涂料作为商品在储存过程中的各方面的性能和质量情况。涂料原始状态的性能包括三个方面：

① 涂料的物理性能、状态的检查，如密度、黏度、清漆的透明度和颜色以及色漆的细度等；

② 涂料在容器中经受时间、温度等变化可能发生的状态改变情况的考查，如在容器中状态、储存稳定性、水性漆冻融稳定性等；

③ 涂料组成分析，随着环保法规要求越来越严，对涂料中污染环境、危害健康的挥发性气体和有害物质的含量都有明确规定，特别是对用于食品包装、儿童玩具等的涂料的成分控制更加严格。

1. 清漆和清油的透明度测定

取样按国家标准 GB/T 3186—2000《色漆、清漆和色漆与清漆用原材料取样》，测定方法一般是按 GB/T 1721—2008《清漆、清油及稀释剂外观和透明度测定法》进行。

2. 清漆和清油的颜色测定

(1) 铁钴比色法

依据国标 GB/T 1722—1992《清漆、清油及稀释剂颜色测定法》规定，用试样与铁钴比色计比较，其中与铁钴比色计颜色最近似的某号色阶溶液的颜色，即代表该试样的颜色，以号表示。

(2) 铂钴比色法

我国等效采用 ISO 6271.1：2004《透明液体——以铂钴等级评定颜色》制定了 GB/T 9282.1—2008《透明液体——以铂钴等级评定颜色》的国家标准，规定了用铂钴单位来评定颜色的方法。

(3) 加氏颜色等级法

中国等效采用 ISO 4630.1：2004 标准制定了《透明液体加氏颜色等级评定颜色　第 1 部分：目视法》(GB/T 9281.1—2008) 的国家标准，适用于清漆及树脂溶液，测定结果用加氏颜色号表示。

3. 密度测定

密度的定义为在规定的温度下，物体的单位体积的质量，常用单位为 g/cm^3 或 g/mL。密度测定按国家标准 GB/T 6750—2007《色漆和清漆　密度的测定　比重瓶法》进行。该标准中指定使用密度瓶（质量体积杯）法，作为在规定的温度下测定液体色、清漆及有关产品密度的标准方法。

4. 细度测定

细度的检测是将涂料铺展为厚度不同的薄膜，观察在何种厚度下显现出颜料的粒子，即称之为该涂料的细度，所用的测试仪器通称为细度计，检测结果以微米表示。我国国家标准 GB/T 1724—1979《涂料细度测定法》规定的细度计有三种规格：0～150μm，0～100μm，0～50μm。我国等效采用 ISO 标准制定的 GB/T 6753.1—2007《色漆、清漆和印刷油墨研磨细度的测定》，则分为 100μm、50μm、25μm 和 15μm 共 4 种规格。

5. 黏度测定

液体涂料的黏度检测方法有多种，分别适用于不同的品种。这些检测方法主要采用间接比较测定的方法。对透明清漆和低黏度色漆的黏度检测以流出法为主，对透明清漆的检测还有气泡法和落球法。对高黏度色漆则通过测定不同剪切速率下的应力的方法来测定黏度，采用这种方法还可测定其他的相应流变特性。

我国通用涂-1 黏度计和涂-4 黏度计《涂料黏度测定法》(GB 1723—1993)，同时等效 ISO 流量杯《色漆和清漆　用流出杯测定流出时间》(GB 6753.4—1998)。

落球法利用固体物质在液体中流动的速度快慢来测定液体的黏度。所用仪器称为落球黏度计，适用于测黏度较高的涂料，如硝酸纤维素清漆及漆料，多用于生产控制。

气泡法利用空气气泡在液体中的流动速度来测定涂料产品的黏度，所测黏度也是运动黏度，只适用于透明清漆。

特定剪切速率测定法。高黏度的色漆具有非牛顿型流动性质，它们在不同的剪切应力作用下产生不同的剪切速率，因而它们的黏度不是一个定值。用以上三种方法都不能测出比较实际的黏度值。需要在特定的剪切应力和设定的剪切速率下测定。国家标准 GB/T 9269—2009《涂料黏度的测定　斯托默黏度计法》规定了用斯托默黏度计测定涂料黏度的方法，适用于测定非牛顿型建筑涂料，测试结果以克雷布斯单位（Krebsunit，Ku）表示。

国家 GB/T 9751.1—2008《色漆和清漆　用旋转黏度计测定黏度第 1 部分：以高剪切速率操作的锥板黏度计》规定所用仪器为锥板式或圆筒形黏度计和浸没式黏度计，检测涂料在 5000～20000s^{-1}的剪切速率下的动力黏度，以 Pa·s 表示。

6. 不挥发分含量的测定

在国家标准 GB/T 9272—2007《色漆和清漆　通过测量干涂层密度测定涂料的不挥发物体积分数》中测定液体涂料在规定的温度和时间固化或干燥后所留下的干膜的体积百分数表示，测得的结果可用来计算涂料按一定干涂膜厚度要求施涂时所能涂装的面积大小。

7. 容器中状态和储存稳定性测定

国家标准 GB/T 6753.3—86《涂料贮存稳定性试验方法》。依据此标准，测定的条件分为自然环境储存和在（50±2)℃加速条件下储存。将待测试样品取 3 份分别装入容积为 0.4L 的标准的压盖式金属漆罐中，1 罐原始试样在储存前检查，2 罐进行储存性试验。

检查的项目为：

① 结皮、腐蚀和腐败味的检查，分为 0、2、4、6、8 和 10 共六个等级。

② 沉降程度的检查也按以上六级评定。

③ 涂膜颗粒、胶块及刷痕的检查也按以上六级评定。

④ 黏度变化的检查，比较储存后与原始黏度，依其比值百分数按六级评定。最后以“通过”或“不通过”为结论性评定。

8. 结皮性测定

结皮性测定主要有两个方面：一个是测定涂料在密闭桶内结皮生成的可能性；一个是测定在开桶后的使用过程中结皮形成的速度。推荐用带有螺旋顶盖的玻璃瓶，装入容积 2/3 的试样，旋紧、倒放暗处，定期检查，直到结皮生成为止。敞罐试验，试样装入漆罐深度的一半，敞开盖并时常观察，直到结皮为止。

9. 冻融稳定性测定

主要适用于乳胶涂料。国家标准 GB/T 9268—2008《乳胶漆耐冻融性的测定》规定了检测冻融稳定性的方法。主要是将试样样品在温度（−18±2)℃条件下冷冻 17h，然后在(23±2)℃放置，分别在 6h 和 48h 后进行检测，与在（23±2)℃温度下存放的对比样品进行对比。

① 测定黏度。

② 观察评定容器中试验样品的沉降、胶结、聚结等状况，以“无变化”“轻微”和“严重”表示。

③ 将对比样品和试验样品倒在同一块规定的试板上，至少干燥 24h 后，目视观察并记录两者干膜的遮盖力、光泽、凝聚、斑点和颜色的变化情况。

10. 稀释剂的性状检测

按国家标准 HG/T 3860—2006《稀释剂、防潮剂挥发性测定法》执行。主要检测项目：透明度；颜色；挥发性；胶凝数；白化性；水分；闪点。

二、涂膜性能及其测定

1. 涂膜的制备

国家标准 GB 1727—1992《漆膜一般制备法》中分别列出喷涂法、浸涂法和刮涂法的涂膜制备方法。但在制备时需要依赖操作人员的技术熟练程度，涂膜的均匀性较难保证。采用仪器制备涂膜在当前普遍推行，方法有旋转涂漆法和刮涂器法。

2. 涂膜外观及光泽测定

(1) 涂膜外观

通常在日光下肉眼观察涂膜的样板有无缺陷，如刷痕、颗粒、起泡、起皱、缩孔等，一般与标准样板对比。

(2) 光泽的测定

光泽测定基本上采用两大仪器，即光电光泽计和投影光泽计，前者用得较多。

3. 涂膜的鲜映性测定

鲜映性是指涂膜表面反映影像（或投影）的清晰程度，以 DOI 值表示（distinctness of image)。它能表征与涂膜装饰性相关的一些性能（如光泽、平滑度、丰满度等）的综合效应。它可用来对飞机、汽车、精密仪器、家用电器，特别是高级轿车车身等的涂膜的装饰性进行等级评定。

鲜映性测定仪的关键装置是一系列标准的鲜映性数码板，以数码表示等级，分为 0.1、0.2、0.3、0.4、0.5、0.6、0.7、0.8、0.9、1.0、1.2、1.5、2.0 共 13 个等级，称为 DOI 值。每个 DOI 值旁印有几个数字，随着 DOI 值升高，印的数字越来越小，用肉眼越不易辨认。观察被测表面并读取可清晰地看到的 DOI 值旁的数字，即为相应的鲜映性。

4. 涂膜雾影测定

雾影系高光泽漆膜由于光线照射而产生的漫反射现象。雾影光泽仪是一台双光束光泽仪，其中参与光束可以消除温度对光泽以及颜色对雾影值的影响。仪器的主接收器接收漆膜的光泽，而副接收器则接收反射光泽周围的雾影。雾影值最高可达 1000，但评价涂料时，雾影值在 250 以下就足够，因此，仪器测试范围为 0～250。涂料产品雾影值通常应定在 20 以下，因为涂膜雾影太大，将严重影响高光泽漆膜的外观，尤其浅色漆影响更为显著。

5. 涂膜颜色测定

测定涂膜颜色一般方法是按 GB/T 9761—2008《色漆和清漆　色漆的目视比色》的规定，将试样标准样同时制板，在相同的条件下施工、干燥后，在天然散射光线下目测检查，如试样与标准样颜色无显著区别，即认为符合技术容差范围。也可以将试样制板后，与标准色卡进行比较，或在比色箱 CIE 标准 D_{65} 的人造日光照射下比较，以适合用户的需要。

另外，为避免人为误差的产生，国家标准 GB 11186.1～11186.3—89《漆膜颜色的测量方法》规定用光谱光度计、滤光光谱光度计和刺激值色度计测定涂膜颜色方法，即用通称的光电色差仪来对颜色进行定量测定，以把人们对颜色的感觉用数字表达出来。

6. 涂膜白度测定

涂膜的白度一般是用目测即可进行评定，但由于人们视觉的差异，不能对真正的白色作出客观评价，故采用仪器测定。

7. 涂膜硬度的测定

涂膜的硬度测定方法很多，目前常用的有 4 种方法，即摆杆阻尼硬度法、铅笔硬度法、划痕硬度法和压痕硬度法。采用国家标准 GB/T 1730—2007《色漆和清漆　摆杆阻尼试验》和 GB/T 6739—2006《色漆和清漆铅笔法测定漆膜硬度》。

8. 涂膜耐冲击性测定

国家标准 GB/T 1732—1993《漆膜耐冲击测定法》规定重锤质量（1000±1)g；冲头进入凹槽的深度为（2±0.1)mm；滑筒刻度等于（50±0.1)cm，分度为 1cm。

9. 涂膜柔韧性测定

国家标准 GB/T 1731—1993《漆膜柔韧性测定法》规定使用轴棒测定器。测试时是将涂漆的马口铁板在不同直径的轴棒上弯曲，以其弯曲后不引起漆膜破坏的最小轴棒的直径（mm）来表示。

10. 漆膜附着力测定

划格法采用国家标准 GB/T 9286—1998《色漆和清漆　漆膜的划格试验》的结果分级法。为区分优劣，须使用胶带法配合，以得到满意的结果。

交叉切痕法测定附着力的原理基本上与划格法相同。

划圈法按国家标准 GB 1720—79（88)《漆膜附着力测定法》中的规定，利用了附着力测定仪。第一部位内漆膜完好者，附着力最好，为 1 级；第二部位完好者，为 2 级；依次类推，7 级的附着力最差。

拉开强度法按 GB/T 5210—2006《色漆和清漆　拉开法附着力试验》进行。可定量测定漆膜的拉开强度，并以此评价漆膜附着力。

除此之外，还有划痕法、胶带附着力法、剥落试验法。

11. 涂膜耐磨性测定

按国家标准 GB/T 1768—2006《色漆和清漆　耐磨性的测定　旋转橡胶砂轮法》的规定，采用 JM-1 型漆膜耐磨仪，经一定的磨转次数后，以漆膜的失重来表示其耐磨性。因失重法可不受漆膜厚度的影响，同样的负荷和转数，失重越小则耐磨性越好，较适宜测定路标漆、地板漆。

12. 涂膜磨光性测定

国家标准 GB 1769—79（88)《漆膜磨光性测定法》采用 OG-1 型漆膜磨光仪，在一定负荷下经规定的磨光次数后，以涂膜的光泽（%）表示。

13. 涂膜打磨性测定

GB/T 1770—2008《涂膜、腻子膜打磨性测定法》中规定了 DM-1 型打磨性测定仪的机械打磨测定方法，试板装于仪器吸盘正中，磨头装上规定型号的水砂纸，仪器可自动进行规定次数的打磨，保证了相同负荷和均匀的打磨速度，所得结果比较准确。

14. 涂膜重涂性测定

重涂性试验是在干燥后的涂膜上按规定进行打磨后，再按规定方法涂上同一种涂料，其厚度按产品规定要求，在涂饰过程中检查涂覆的难易程度。在按规定时间干燥后检查涂膜状况有无缺陷发生，必要时检测其附着力。

15. 涂膜耐洗刷性测定

国家标准 GB/T 9266—2009《建筑涂料　涂层耐洗刷性》规定测试时使用洗刷试验机，试板用夹子固定后使用鬃刷以每分钟固定的往复频率在漆膜表面上来回摩擦，同时不断滴加洗涤剂，试验连续进行直到漆膜露底为止，或按产品标准规定的次数进行。

16. 涂膜耐热性、耐寒性及耐温变性测定

测定耐热性方法是采用鼓风恒温烘箱或高温炉，在达到产品标准规定的温度和时间后，对漆膜表面状况进行检查，或者在耐热试验后进行其他性能测试。

耐寒性检测，通常是将涂膜按产品标准规定放入低温箱中，保持一定时间，取出观察涂膜变化情况。

温变性检测通常是在高温 60℃保持一定时间后，再在低温如－20℃放置一定时间，如此反复若干次循环，最后观察涂膜变化情况。

17. 涂膜耐水性的测定

常温浸水法，按国家标准 GB/T 1773—1993《漆膜耐水性测定法》规定将涂漆样板的 2/3 面积放入温度为（25±1)℃的蒸馏水中，待达到产品标准规定的浸泡时间后取出，目测评定是否有起泡、失光、变色等现象，也可用仪器来测定失光率和附着力的下降程度。

18. 涂膜耐盐水性测定

耐盐水测定通常是将试板的 2/3 面积浸入 3%氯化钠水溶液中，按产品规定时间取出并检查。另外按国家标准 GB 1763—79(88)《漆膜耐化学试剂性测定法》中规定，也可采用加温耐盐水法，试验温度为（40±1)℃，采用一套恒温设备控制。

19. 涂膜耐化学品性测定

依据国家标准 GB 1763—79(88)《漆膜耐化学试剂性测定法》中所规定，用普通低碳钢棒浸涂或刷涂被试涂料，干燥 7d 后，测量厚度，将试棒的 2/3 面积浸入产品标准规定的酸或碱中，在（25±1)℃温度下浸泡。定时观察检查涂膜状况，按产品标准规定判定结果。

20. 涂膜耐腐蚀性测定

盐雾试验是目前普遍用来检验涂膜耐腐蚀性的方法。按国家标准 GB/T 1771—2007《色漆和清漆　耐中性盐雾性能的测定》规定执行。涂膜样板在具有一定温度[(40±2)℃]、一定盐水浓度（3.5%）的盐雾试验箱内每隔 45min 喷盐雾 15min，经一定时间试验后，观察样板外观的破坏程度。按 GB/T 1740—2007 的规定来评定等级。

21. 涂膜耐湿热性测定

按 GB/T 1740—2007《漆膜耐湿热测定法》规定进行，设备为调温调湿箱。将已实干的涂膜样板放在一定温度[(47±1)℃]、一定湿度（相对湿度为 96%±2%）的调温调湿箱中，在规定的时间内，根据样板上涂膜外观的破坏情况，来评定耐湿热的等级。

22. 功能涂料专有性能测试

不同种类的功能涂料具有专有的使用功能，该功能决定了功能涂料的使用价值，因此对其专有性能的测试十分重要。现列举几种功能涂料的专有性能测试方法，详细如下。

（1）发光涂料辉度测试

按 CNS 12161—1987《发光涂料检验法》，采用辉度计测量。将发光涂料按规定的形状和尺寸涂于铝或铝合金板上，并使之干燥，涂布量以涂料中的发光粉末计，每 $1cm^2$ 为

(50±5)mg。将试样放置暗处，遮断外光至少 3h 以上后，使用适当的辉度计，对同一试样测定 3 次以上的辉度。发光粉末的厚度，需要厚度增加而辉度上升至能饱和的充分厚度层后测定辉度。

(2) 饰面型防火涂料防火性能测试

按 GB 12441—2005《饰面型防火涂料》规定，饰面型防火涂料的防火性能测试指标包括耐燃时间、火焰传播比值、质量损失和炭化体积。

耐燃时间采用大板燃烧法。

火焰传播比值隧道燃烧法。

质量损失和炭化体积采用小室燃烧法。

(3) 防水涂料防水性能测试

按 GB/T 16777—2008《建筑防水涂料试验方法》的规定，建筑防水涂料的不透水性采用不透水仪测试。按规定裁取的 3 个约 150mm×150mm 试件，在标准试验条件下放置 2h，试验在 (23±5)℃进行，将装置中充水直到溢出，彻底排出装置中空气。将试件放置在透水盘上，再在试件上加一相同尺寸的金属网，盖上七孔圆盘，慢慢夹紧直到试件夹紧在盘上，用布或压缩空气干燥试件的非迎水面，慢慢加压到规定的压力。达到规定压力后，保持压力 (30±2)min。试验时观察试件的透水情况（水压突然下降或试件的非迎水面有水）。所有试件在规定时间内应无透水性。

(4) 电磁屏蔽涂料的屏蔽效能测试

按 GB/T 25471—2010《电磁屏蔽涂料的屏蔽效能测量方法》测试。用法兰同轴测试装置对涂料的屏蔽效能进行测量时，常用的测量方法有：信号源（跟踪信号源）/接收机测量方法、信号源（跟踪信号源）/频谱分析仪测量方法、网络分析仪测量方法。

(5) 阻尼涂料阻尼性能测试

根据 TB/T 2932—1998《铁路机车车辆　阻尼涂料　供货技术条件》规定，车辆阻尼涂料的阻尼性能按 GB/T 16406—1996《声学　声学材料阻尼性能的弯曲共振测试方法》测试。

本标准规定，采用矩形条状试样，测试方法分为两种，方法 A 是将试样垂直安装，上端刚性夹定，下端自由，简称悬臂梁方法；方法 B 是将试样水平安装，用两条细线在试样振动节点位置上悬挂，简称自由梁方法。悬臂梁法适用于大多数类型的材料，包括较软的材料。自由梁法适用于测试刚硬挺直的试样，对于较软的材料，应贴在金属板上做成复合试样进行测试。测试系统仪器由激励和检测两部分组成。由信号发生器激励电磁换能器对试样施加简谐激励力。由检测换能器检测试样的振动信号，经放大送入指示与记录仪器。保持恒定的激励力，连续改变频率，测出试样的速度弯曲共振曲线。根据弯曲共振频率和共振峰宽度，即可计算出储能弯曲模量和损耗因数。

(6) 抗菌涂料的抗菌性测试

按 GB/T 21866—2008《抗菌涂料（漆膜）抗菌性测定法和抗菌效果》的规定进行测试。本方法通过定量接种细菌于待检测样板上，用贴膜的方法使细菌均匀接触样板，经过一定时间的培养后，检测样板中的活菌数，并计算出样板的抗细菌率。

三、涂料的施工性能及其测定

涂料的施工性能至关重要，它直接影响到涂膜的质量。过去由于大多采用手工施工，对涂料性能要求不多，也不严格。随着现代化大生产流水线施工的发展，对涂料的施工性能的要求项目逐渐增多，规定逐渐严格。

1. 使用量

使用量是指涂料在正常施工情况下，在单位面积上制成一定厚度的涂膜所需的漆量，以 g/m^2 表示。测试方法执行国家标准 GB/T 1758—79（88）《涂料使用量测定法》。随着我国经济发展的市场化和国际化的深化，该标准于 2005 年 10 月废止，但仍可作为涂料施工的经验指标参考使用。

2. 施工性

施工性用来检测涂料产品施工的难易程度。国家标准 GB/T 6753.6—86《涂料产品的大面积刷涂试验》规定的方法，主要用于评价在严格规定的底材上大面积施涂色漆、清漆及有关产品的刷涂性和流动性，除了考察平面外，并且还观察在有凸出部位和锐角部位致使涂料收缩的倾向，可以获得更完整的结果。试板的面积较大，钢板的尺寸不小于 1.0m×1.0m×0.00123m；木板尺寸不小于 1.0m×0.9m×0.006m；水泥板尺寸不小于 1.0m×0.9m×0.005m。对刷子尺寸和刷涂工艺也有具体规定。评价内容包括与标准样品比较的施工性能的差异和涂膜刷痕消失、流挂、收缩等规定的缺陷的现象。

3. 流平性

流平性是涂料施工性能中的一个重要项目，从涂料施工性中单独分出，专列为一个检测项目。按国家标准 GB/T 1750—79（88）《涂料流平性测定法》中规定的流平性的测定方法，分为刷涂法和喷涂法两种，以刷纹消失和形成平滑漆膜所需时间来评定，以分钟表示。刷涂法的测定方法是将试样按《漆膜一般制备法》中的规定，将试样调至施工黏度，涂刷在马口铁板上，使之平滑均匀，然后在涂膜中部用刷子纵向抹一刷痕，观察多少时间刷痕消失，涂膜又恢复成平滑表面。合格与否由产品标准规定，一般流平性良好的涂膜在 10min 之内就可以流平。

4. 流挂性

液体涂料涂刷在垂直表面上，受重力的影响，在湿膜未干燥以前，部分湿膜的表面容易有向下流坠，形成上部变薄，下部变厚，或严重的形成球形、波纹形状的现象，这种现象说明这种涂料易流挂，或者抗流挂性不好，是涂料应该避免的性能。

按国家标准 GB/T 9264—2012《色漆和清漆抗流挂性评定》的检验方法，采用流挂试验仪对色漆的流挂性进行测定，以垂直放置、不流到下一个厚度条膜的涂膜厚度为不流挂的读数。厚度数值越大说明涂料越不容易产生流挂现象。

5. 干燥时间

（1）表面干燥时间测定

常采用吹棉球法、指触法和小玻璃球法（GB/T 6753.2—86）。吹棉球法是在漆膜表面上放一脱脂棉球，用嘴沿水平方向轻吹棉球，如能吹走而膜面不留有棉丝，即认为表面干燥。指触法是以手指轻触漆膜表面，如感到有些发黏，但无漆黏在手指上，即认为表面干燥或称指触干。小玻璃球法是将约 0.5g 的直径为 125～250μm 小玻璃球于 50～150mm 的高度倒在漆膜表面上，当漆膜上的小玻璃球能用刷子轻轻刷离，而不损伤漆膜表面时，即认为达到表面干燥，记录其时间，按产品规定判断是否合格。

（2）实际干燥测定法

常用的有压滤纸法、压棉球法、刀片法和厚层干燥法。国家标准 GB/T 1728—79（88）《漆膜，腻子膜干燥时间测定法》中有详细的规定。

压滤纸法是在漆膜上用干燥试验器压上一片定性滤纸，经 30s 后移去试验器，将样板翻转而滤纸能自由落下，即认为实际干燥。压棉球法采用 30s 后移去试验器和脱脂棉球，若漆膜上无棉球痕迹及失光现象，即认为实际干燥。刀片法使用保险刀片，适用于厚涂层和腻子膜。

6. 涂膜厚度

（1）湿膜厚度的测定

湿膜的测量必须在漆膜制备后立即进行，以免由于挥发性溶剂的蒸发而使漆膜发生收缩现象。常用的湿膜厚度计有轮规、梳规、Pfund 湿膜计。

（2）干膜厚度的测定

实际工作中应用较多的有磁性法和机械法。磁性法即采用磁性测厚仪和非磁性测厚仪测量。机械法是使用杠杆千分尺或千分表测定涂膜厚度。

7. 遮盖力

色漆均匀地涂刷在物体表面，由于涂膜对光的吸收、反射和散射而使底材颜色不再呈现出来的能力，称为色漆的遮盖力。色漆遮盖力的测定方法有 3 种。

（1）单位面积质量法

按国家标准 GB/T 1726—79（88）《涂料遮盖力测定法》的规定，使用黑白格板，有刷涂法和喷涂法 2 种测定方法，测定遮盖单位面积所需涂料的最小量。用 g/m^2 表示遮盖力。

（2）最小漆膜厚度法

利用遮盖住底面所需的最小湿膜厚度以测定色漆的遮盖力，所得结果以 μm 表示。此法用漆量少，测试速度快，但仍为目测，存在测试结果准确性问题。

（3）反射率对比法

ISO 及各国标准均推荐采用反射率仪对遮盖力进行比较准确的评定。主要适用于白色和浅色漆。将试样以不同厚度涂布于透明聚酯膜上，干燥之后置于黑、白玻璃板上，用反射率仪测定其反射率，从而得出对比率 CR。

$$CR = R_B / R_W$$

式中 R_B——黑板上的反射率；

R_W——白板上的反射率。

国家标准 GB/T 23981—2009《白色和浅色漆对比率的测定》，当对比率等于 0.98 时，即认为全部遮盖，根据漆膜厚度就可得出遮盖力。

参考文献

［1］ 童忠良等．化工产品手册：涂料．北京：化学工业出版社，2008.

［2］ 童忠良等．功能涂料及其应用．北京：中国纺织出版社，2007.

［3］ 徐帮学等．最新涂料配方创新设计与产品检验检测技术标准规范实施手册．长春：银声音像出版社，2004.

情境二

功能涂料的制备

任务一　防火涂料的制备

防火涂料又称阻燃涂料，除具有一般涂料所共有的保护性能和装饰性能外，还具有阻止火焰燃烧和抑制伴随燃料产生的有害气体的特殊功能。涂覆防火涂料作为防火的一种手段，不但具有很高的防火效率，而且使用十分简便，具有广泛的实用性和适应性。因此，防火涂料具有广阔的发展前景。

任务介绍

根据配方，制备一种膨胀型水性饰面防火涂料，将该涂料涂覆于基材表面，赋予材料较好的防火性能，要求所制备的涂料关键性能指标达到国家标准要求。

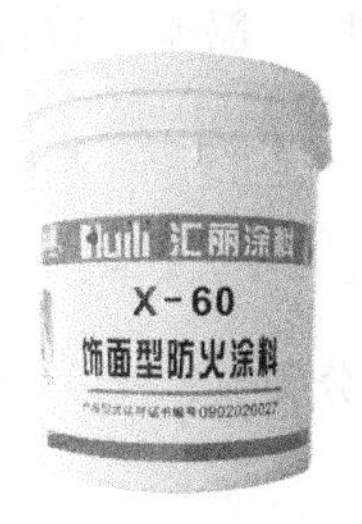

任务分析

通过在涂料的配方中加入防火组分，使涂料具有防火阻燃功能。通过涂料配制，制备出符合国家标准要求的合格的防火涂料。

相关知识

一、防火涂料及其作用

防火涂料又称阻燃涂料，属特种功能涂料，涂刷于基材表面，具有显著的防火隔热效果，可预防火灾的发生，延缓基材着火时间及火势蔓延，或增大绝热性以推迟基材结构破坏时间，同时还具有防腐、防锈、耐酸碱、耐候、耐水、耐盐雾等功能。

防火涂料用作建筑物外部及室内装饰材料的防火保护，对防止初期火灾和减缓火势的蔓延扩大，以便给消防人员赢得抢救时间，对保障国家和人民生命财产的安全，推动消防事业，具有重要的意义。火灾严重危害人民的生命财产，破坏性极大。据统计，我国在过去的10年里，每年火灾次数均在10万起以上，死亡人数2000～3000人，火灾造成的直接经济损失累计达数百亿元。

随着有机合成材料及木质材料大量用作装潢材料及家具组件，其防火性问题也日益突出。对易燃材料进行阻燃防火处理有多种方式，这些方式各有各的特点和不足。比如用添加卤素阻燃剂对有机合成材料作阻燃处理，往往会造成材料物性劣化、使用寿命缩短、成本价格提高；对于木材阻燃，虽然可用木质材料加压浸入阻燃剂，亦仅对其内部提供阻燃性，但最终仍需涂装涂料以获得良好的外观，因此采取在其表面涂覆防火涂料的方法，既达到了阻燃效果，又有装饰效果，并可保持基材原有的优良性质，是最经济、较理想的防火措施。

对于钢结构建筑，由于一般钢材加热至600℃左右即开始软化，丧失了结构强度，混凝土结构在高温火焰作用下也容易崩裂，所以，对钢铁结构和混凝土结构也需要进行防火保护，这种保护与对易燃基材的保护是不同的，前者是阻止火势的蔓延扩大，而后者则是要提高结构的耐火时间，使它们在火灾发生时能延长钢材发生软化变形的时间，为人员的安全疏散和灭火赢取充足的时间，减少火灾的损失。在现今普遍采用钢结构的建筑中，钢结构防火保护技术受到人们的重视，钢结构防火涂料也是国内防火涂料的主要市场。

木材、纤维、塑料、橡胶等非金属易燃的材料需要加以防火保护；普通建筑钢材遇火加热540℃时会丧失结构强度，需要防火保护，混凝土在高温火焰作用下仅0.5h就易开裂崩解，也需要防火保护。因此，为使易燃物成为阻燃物，减少火灾对建筑物的威胁，赢得灭火时间，社会各个方面已越来越重视防火涂料的应用。

目前，防火涂料已广泛应用于公用建筑、车辆、飞机、仓库、船舱、古代建筑和文物保护、电器、电缆电线、包装、钢材、混凝土、隧道等方面。

二、防火涂料的分类

根据不同的分类标准，防火涂料通常可以按以下方法进行分类。

1. 按所用的基材来分类

(1) 有机型防火涂料

有机型防火涂料是以天然的或合成的有机树脂、有机乳液为其基料。

(2) 无机型防火涂料

无机型防火涂料是以无机黏结剂为基料。

(3) 有机、无机复合型防火涂料

有机、无机复合型防火涂料的基料是由有机树脂或有机乳液和无机系黏结剂复合而成。

2. 按所用的分散体来分类

(1) 溶剂型防火涂料

溶剂型防火涂料是指用汽油、烃类、酯类、酮类、芳族类等有机溶剂作分散体和稀释剂，用溶剂型有机树脂作基料的防火涂料。

(2) 水溶性型防火涂料

水溶性型防火涂料是指用水作为分散体和稀释剂，用水溶性树脂、乳液聚合物作基料的防火涂料。

3. 按防火形式来分类

(1) 非膨胀型防火涂料

非膨胀型防火涂料遇火时涂层基本上不发生体积变化，形成釉状保护层。它能起隔绝氧气的作用，使氧气不能与被保护的易燃基材接触，从而避免或降低燃烧反应。但这类涂料所生成的釉状保护层热导率往往较大，隔热效果差。为了取得一定的防火效果，一般涂层较厚。即使这样，其防火隔热的作用也是很有限的。

(2) 膨胀型防火涂料

膨胀型防火涂料涂层在遇火时膨胀发泡，形成泡沫层，泡沫层不仅隔绝了氧气，而且因为其质地疏松而具有良好的隔热性能，可延滞热量传向被保护基材的速率。涂层膨胀发泡产生泡沫层的过程因为体积扩大而呈吸热反应，也消耗大量的热量，有利于降低体系的温度，故其防火隔热效果显著。

由于非膨胀型防火涂料一般比膨胀型防火涂料涂层厚，因而其单位面积用量大，使用成本高，装饰效果差，并且其防火隔热效果不及膨胀型防火涂料，所以现在饰面型防火涂料和电缆防火涂料及超薄型钢结构防火涂料的研究一般都走“膨胀型”的技术途径。

4. 按使用范围来分类

(1) 饰面型防火涂料

饰面型防火涂料主要用于建筑物的易燃基材上，降低基材的火焰传播速率，防止火灾的迅速蔓延扩散，同时具有一定的装饰作用。

(2) 钢结构防火涂料

钢结构防火涂料主要用于在钢材上的涂覆，对钢构件起到高效的防火隔热保护作用，提高其耐火极限。

(3) 电缆防火涂料

电缆防火涂料主要用于在电缆表面的施涂。遇火时膨胀能产生 20～30mm 的泡沫保护层，隔绝火源，使电缆受火时能在一定的时间内保持完好，并阻止火焰沿电缆蔓延。

(4) 预应力混凝土楼板防火涂料

预应力混凝土楼板防火涂料主要用于预应力钢筋混凝土构件上，对预应力钢筋混凝土构件起防火隔热保护作用，以提高其耐火极限。

(5) 隧道防火涂料

隧道防火涂料是涂喷在隧道内的拱顶和侧壁的表面上，起防火隔热保护作用，防止隧道内钢筋混凝土在火灾中迅速升温而强度降低，避免混凝土炸裂、衬内钢筋破坏失去支撑能力而导致隧道内垮塌。

(6) 透明防火涂料

透明防火涂料主要用于易燃塑料基材上，使用后能保持基材原有的纹理和色泽，并有较好的防火隔热性能。

(7) 室外防火涂料

室外防火涂料是指适合于室外环境条件使用的防火涂料。该类防火涂料不仅具有防火保护作用，而且应具有很好的耐候性和理化性能。

5. 按材料的作用来分类

防火涂料按材料的作用分类见图 2-1。

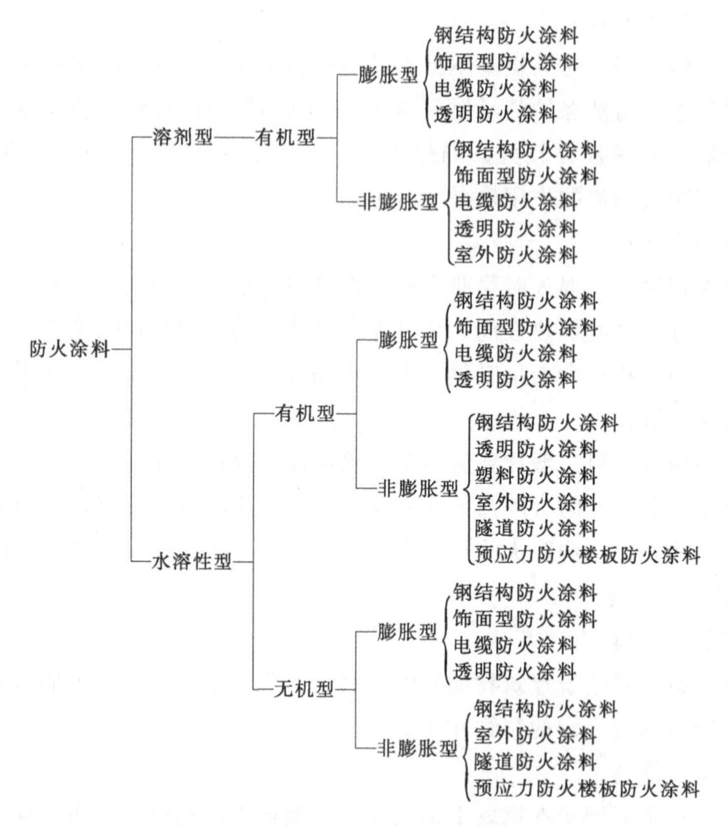

图 2-1 防火涂料按材料的作用分类

三、防火涂料的防火隔热原理

燃烧是可燃物与氧化剂之间的一种快速氧化反应，是一个复杂的物理-化学过程，且通常伴随有放热及发光等特征，并生成气态和凝聚态产物等。高分子材料的燃烧过程一般经过三个连续的环节：

① 高聚物在外部热源下分解（有氧）或热解（无氧）产生可燃性气体产物；

② 此可燃性产物与空气混合，在温度足够高时点燃；

③ 燃烧产生的热量使高聚物持续分解，当生成的可燃性气体产物浓度始终维持在体系的燃烧极限之上时，就可建立一个可自持的燃烧循环。如果使上述三个阶段中的一个或者数个终止，即可使材料获得阻燃性，可通过气相阻燃、凝聚态阻燃或中断热交换等机理实现。

防火涂料的防火隔热原理大体分为 7 种。

① 在防火涂料的配方中加入各种无机填料，由于无机填料本身是不燃的，其热导率低，可以延滞热量传向被保护的基材的速率。

② 在防火涂料配方中添加吸热后可分解的阻燃剂，如铝的氧化物等。由于这种添加剂具有吸热后分解的特点，能有效地使体系的温度降低等。

③ 在防火涂料配方中加入在热的作用下能释放出活性气体化合物的阻燃剂，如卤化合

物，这些活性化合物通常能对影响火焰形成或增长的自由基产生作用。

④ 在防火涂料配方中选择加入分解时能释放出大量惰性气体的添加剂。大量惰性气体的存在可冲淡氧气成分，产生气体屏蔽作用，使氧气难以助燃，有效提高阻燃效果。

⑤ 在防火涂料配方中加入受热后并不发生化学变化而只释放出重质蒸气的添加剂。这种蒸气可覆盖住体系分解出来的可燃气体，影响它与空气和氧气的正常交换，避免产生火焰及延燃，进而起阻燃作用，从而控制火势迅速蔓延。

⑥ 有的防火涂料中还加入了膨胀防火体系的阻燃剂。它们遇火可膨胀并形成均匀而致密的蜂窝状或海绵状的碳质泡沫层，泡沫层不仅隔绝了氧气，而且因为其质地疏松而具有良好的隔热性能，可延滞热量传向被保护基材的速率，同时避免了火焰和高温直接进攻被保护基材，起到高效的防火隔热保护作用。

⑦ 有的防火涂料中还加入了一些低熔点的不会燃烧的材料，如玻璃粉末等，它们会在火焰热量烧烤下被熔化，在着火的物体上流淌开来，形成一层隔热的防火层，能阻止火势蔓延。

四、防火涂料的性能

防火涂料作为建筑物的防火保护，它除了应具有普通涂料的装饰作用和对基材提供物理保护外，还要具有阻燃耐火的特殊功能，要求它们在高温下具有一定的防火隔热效果，要达到这个目的，防火涂料应具备一些基本条件。

1. 防火隔热性能

防火涂料在高温下具有一定的防火隔热效果，保护建筑物结构或限制火灾的蔓延扩大，提供 30 min 至数小时的耐火时间，以便给消防人员赢得抢救时间，确保建筑结构安全。

2. 对被保护基材无腐蚀性或破坏性

防火涂料具有适宜的酸碱性，因为强酸性和强碱性都会降低基材的力学性能。酸对木材有水解作用，破坏木材的纤维结构，降低木材的机械强度；对钢材有化学腐蚀性，降低钢材的机械强度。

3. 适当的流动性和黏度

一定的流动性能保证防火涂料均匀地分布于基材表面，使其具有一定的黏结作用和装饰作用。适当的黏度则是保证防火涂料有良好的润湿性的关键因素，保证涂层有足够的数量不致使涂料液流失或涂层过厚。

4. 良好的使用性能

通过化学或物理作用，防火涂料涂层固化后能达到所要求的各种物理性能（如胶合板的剪切强度、刨花板的平面抗拉、吸水厚度膨胀等），并具有一定的耐老化性能。防火涂料阻燃效果好，且无毒，燃烧时不产生浓烟和毒气，使用性能稳定、方便，并且适用期长、常温固化、固化时间短等。防火涂料的原料来源广泛、价格低廉，为高效率生产和降低生产费用创造条件。

五、防火涂料的施工

防火涂料的施工是使涂料在被保护物件表面形成所需要的涂膜的过程，防火涂料对被保护基材表面的装饰、保护以及功能性作用是以其在物件表面所形成的涂膜来体现的。

涂膜的质量直接影响被保护基材的装饰效果和使用价值，面涂膜的质量取决于涂料和施工的质量。防火涂料性能的优劣通常用涂膜性能的优劣来评定，劣质的防火涂料或涂料品种选用不当就不能得到优质的涂膜。优质的防火涂料如果施工不当、操作失误也不能得到性能优异的涂膜和达到预期理想的装饰和防火保护效果。正确的防火涂料施工可以使涂料的性能在涂膜上充分体现，反之则不能使防火涂料的良好性能发挥出来。防火涂料的施工主要包括以下内容。

1. 被保护基材表面处理方法的选择

被保护物件底材的表面处理是涂料施工的基础工序。它的目的是为被保护物件表面即底材和涂膜的黏结创造一个良好的条件，同时还能提高和改善涂膜的性能。例如钢铁表面经磷化、钝化处理，可以大大提高涂膜的防锈蚀性。在防火涂料施工中表面处理的技术特别受到重视，它是整个涂装工艺取得良好效果的一个基础和关键的环节。

2. 防火涂料施工工艺的选择

防火涂料的涂装，是用不同的施工方法、工具和设备将涂料均匀地涂覆在被保护物件表面。涂装的质量直接影响涂膜的质量和涂装的效果。对不同的被保护物件和不同的防火涂料应该采用最适宜的涂装设备和方法。常用的施工方法有刷涂法、滚筒刷涂法、刮涂法和喷涂法等。

3. 防火涂料施工环境对涂装效果的影响

防火涂料施工环境对涂装效果有相当大的影响。一般要求涂装场所环境要明亮、不受日光直晒，温度和湿度合适，空气清洁、风速适宜，防火条件好。

六、防火涂料的质量检测

按标准 GB 12441—2005《饰面型防火涂料》的要求所规定的技术指标如表 2-1 所示。

表 2-1　防火涂料的技术指标

序号	检验项目		标准要求技术指标
1	在容器中的状态		无结块，搅拌后成均匀状态
2	细度/μm		≤90
3	干燥时间	表干/h	≤5
		实干/h	≤24
4	附着力/级		≤3
5	柔韧性/mm		≤3
6	耐冲击性/cm		≥20
7	耐水性		经 24h 试验，不起皱、不剥落，起泡在标准状态下 24h 能基本恢复，允许轻微失光和变色
8	耐湿热性		经 48h 试验，涂膜无起泡、无脱落，允许轻微失光和变色
9	耐燃时间/min		≥15
10	火焰传播比值		≤25
11	质量损失/g		≤5.0
12	炭化体积/cm^3		≤25

任务实施

一、涂料配方

防火涂料配方见表 2-2。

表 2-2　防火涂料配方

序号	原料	质量分数	序号	原料	质量分数
1	苯丙乳液	10%～30%	8	氯化石蜡	1%～2%
2	多聚磷酸铵	20%～30%	9	防腐杀菌剂	0.05%～0.2%
3	季戊四醇	10%～20%	10	分散剂	0.1%～0.2%
4	三聚氰胺	15%～25%	11	成膜助剂	0.3%～1.0%
5	钛白粉	5%～10%	12	纤维素醚	0.1%～0.5%
6	氢氧化铝	2%～8%	13	羟基硅油	0.5%～2.0%
7	硼酸锌	1%～5%	14	水	余量

二、任务实施步骤

主要任务:仪器的选择与准备

仪器设备:天平、砂磨分散搅拌多用机 1 台、烧杯(500mL)2 个、量筒(100mL)1 个、标准板。

公用设备:刮板细度计,线棒涂布器,简易耐火时间测试仪

主要任务:按涂料配方准备原料

苯丙乳液、多聚磷酸铵、季戊四醇、三聚氰胺、钛白粉、氢氧化铝、硼酸锌、氯化石蜡、防腐杀菌剂、分散剂、成膜助剂、纤维素醚、羟基硅油、水

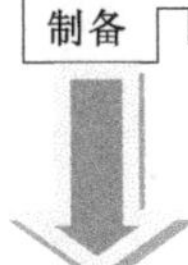

主要任务:按操作规程完成涂料制备

MW-161 苯丙乳液 20 份、多聚磷酸铵 24 份、季戊四醇 12 份、三聚氰胺 15 份、8105 金红石型钛白粉 6 份、氢氧化铝 4 份、硼酸锌 4 份、70 氯化石蜡 2 份、异噻唑啉酮 0.1 份、XG-505 抗水性分散剂(疏水改性的聚丙烯酸铵盐)0.2 份、十二碳酸醇 0.7 份、羟乙基纤维素 0.1 份、羟基硅油 1 份、防冻剂 1 份、水 9.9 份在砂磨分散搅拌多用机内于 1500 ～ 2000r/min 转速下分散 10 ～ 15min,再研磨 20min 使细度达到 80μm,过滤,出料

试件制备

主要任务:按要求将涂料涂覆于标准板表面

用线棒涂布器将涂料均匀涂于石棉或木质标准板上,实干后备用

主要任务:关键性能指标检测

按 GB 12441—2005 标准测试涂料关键性能指标,测试项目见表 2-1

归纳总结

1. 仪器、设备需要预先清洗干净并干燥。
2. 加黏稠液体原料时用减量法。

3. 加粉状固体料时，加料速度要均匀，且避免挂壁。

4. 搅拌分散转速适中，转速太慢分散研磨效果不好，搅拌太快物料易溅出。

综合评价

对于本任务的评价见表 2-3，防火涂料的技术指标见表 2-1。

表 2-3 防火涂料的制备项目评价表

序号	评价项目	评价要点	评价等级
1	产品质量①	见表 2-1	
2	生产过程控制能力②	能否按操作规程操作	
		能否在规定时间内达到所需细度要求	
		试件制备，涂料涂覆是否均匀	
		试样测试是否规范、准确	
3	事故分析和处理能力③	是否出现异常事故	
		异常事故处理方法	

① 按标准合格 10 分，不合格 0 分。

② 是 10 分，否 0 分。

③ 能 10 分，不能 0 分。

任务拓展

钢结构防火涂料的制备，参考中国专利 CN102627891A《水性超薄型钢结构防火涂料及其制备方法》。

参考文献

[1] 覃文清，李风．材料表面涂层防火阻燃技术．北京：化学工业出版社，2004.

[2] 一种膨胀型水性饰面防火涂料及其制备方法. CN102675992A.

[3] 水性超薄型钢结构防火涂料及其制备方法. CN102627891A.

任务二 防水涂料的制备

防水涂料是一种具有防水功能的涂料。该涂料涂刷在建筑物的屋顶、地下室、卫生间、浴室和外墙等需要进行防水处理的基层表面上，使其在一定水压和一定时间内不出现渗漏的现象，具有良好的防水效果。涂刷防水涂料操作简便，劳动强度低，具有广泛的实用性和适应性，因此，随着社会的进步和防水技术的发展，防水涂料还会向更多领域延伸。

任务介绍

根据配方，制备一种聚合物水泥基防水涂料，将该涂料涂覆于基材表面，赋予材料较好的防水性能，要求所制备的涂料关键性能指标达到国家标准要求。

任务分析

依照防水涂料配方，制备出符合国家标准要求的合格的防水涂料，使涂料在基材表面形成完整的涂膜，实现防水功能。

相关知识

一、防水涂料及其作用

防水涂料指能够形成具有耐水、防止水渗透的涂膜防水材料，是以防水为主要目的的功能性涂料。防水涂料在常温下呈无定形的黏稠状液态或可液化的固体粉末状态，可单独或与胎体增强材料复合，分层涂刷或喷涂在需要进行防水处理的基层表面上，经溶剂或水分的挥发，或组分间化学反应固化后而形成一个连续、无缝、整体的，且具有一定厚度的、坚韧的涂层，特别适合用于多节点或异型部位的防水、防潮，使建筑物表面与水隔绝，从而起到防水、密封的作用。

防水涂料一般以沥青、合成高分子聚合物、合成高分子聚合物与沥青、合成高分子聚合物与水泥以及无机复合材料等为主要成膜物质，掺入适量颜料、助剂、溶剂等加工而制成。按涂料状态与形式，分为溶剂型、反应型和水乳型，形成的防水薄膜具有一定的延伸性、弹塑性、抗裂性、抗渗性及耐候性，能起到防水、防渗和保护作用。

防水涂料有良好的延伸性、耐水性和耐候性，能适应基层裂缝的微小变化，安全性好，不必加热，冷施工，减少环境污染，操作简便，易于维修与维护，价格相对低廉。防水涂料主要用于建筑物可能受到水侵蚀的结构部位或结构构件，例如屋面、厕浴间、厨房间、地下室、管道、水池等结构部位的防水、防潮和防渗等。

二、防水涂料的分类

根据不同的分类标准，防水涂料通常可以按以下方法进行分类。

1. 按涂料的状态与形式分类

根据涂料的液态类型，可把防水涂料分为溶剂型、水乳型、反应型 3 种。

(1) 溶剂型防水涂料

在这类涂料中，作为主要成膜物质的高分子材料溶解于有机溶剂中，成为溶液。高分子材料以分子状态存于溶液（涂料）中。

该类涂料具有以下特点：通过溶剂挥发，经过高分子物质的分子链接触、搭接等过程而结膜；涂料干燥快，结膜较薄而致密；生产工艺较简易，涂料贮存稳定性较好；易燃、易爆、有毒，生产、贮存及使用时要注意安全；由于溶剂挥发快，施工时对环境有污染。

（2）水乳型防水涂料

这类防水涂料作为主要成膜物质的高分子材料以极微小的颗粒（而不是呈分子状态）稳定悬浮（而不是溶解）在水中，成为乳液状涂料。

该类涂料具有以下特性：通过水分蒸发，经过固体微粒接近、接触、变形等过程而结膜；涂料干燥较慢，一次成膜的致密性较溶剂型涂料低，一般不宜在5℃以下施工；贮存期一般不超过半年；可在稍潮湿的基层上施工；无毒，不燃，生产、贮运、使用比较安全；操作简便，不污染环境；生产成本较低。

（3）反应型防水涂料

在这类涂料中，作为主要成膜物质的高分子材料系以预聚物液态形状存在，多以双组分或单组分构成涂料，几乎不含溶剂。

此类涂料具有以下特性：通过液态的高分子预聚物与相应物质发生化学反应，变成固态物（结膜）；可一次结成较厚的涂膜，无收缩，涂膜致密；双组分涂料需现场1∶2配料准确；搅拌均匀，才能确保质量；价格较贵。

2. 按涂料的成膜物质分类

防水涂料按成膜物质可分为：高分子聚合物改性沥青防水涂料、合成高分子防水涂料和有机-无机复合防水涂料。分类见图2-2。

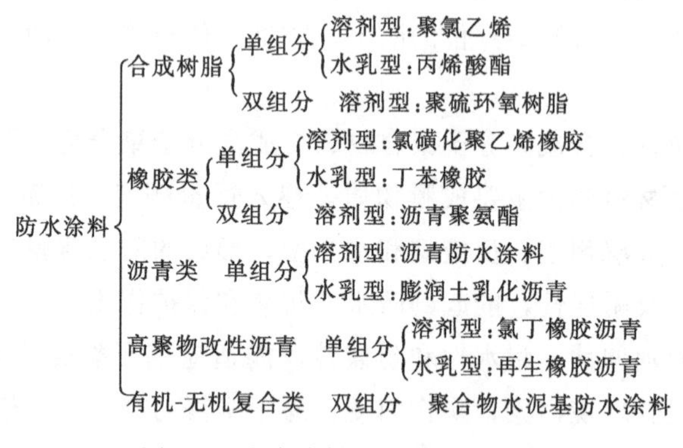

图2-2　防水涂料按成膜物质分类

3. 按涂料的组分不同分类

根据防水涂料的组分不同，一般分为单组分防水涂料和双组分防水涂料两类。

4. 按使用部位分类

防水涂料按其在建筑物上的使用部位不同，可分为屋面防水涂料、立面防水涂料、地下工程防水涂料等。

市场上的防水材料有两大类：一类是聚氨酯类防水涂料。这类材料一般是由聚氨酯与煤焦油作为原材料制成。它所挥发的焦油气毒性大，且不容易清除，因此于2000年在我国被禁止使用。尚在销售的聚氨酯防水涂料，是用沥青代替煤焦油作为原料。但在使用这种涂料时，一般采用含有甲苯、二甲苯等有机溶剂来稀释，因而也含有毒性；另一类为聚合物水泥基防水涂料，又称JS复合防水涂料（“JS”为“聚合物水泥”的拼音字头），它是由多种水性聚合物合成的乳液（聚丙烯酯乳液、乙烯-乙酸乙酯共聚乳液）与掺有各种添加剂的优质水泥组成的一种双组分、水性建筑防水涂料，将聚合物（树脂）的柔性与水泥的刚性结为一体，使得它在抗渗性与稳定性方面表现优异。它的优点是施工方便、综合造价低，工期短，且无毒环保。因此，聚合物水泥基已经成为防水涂料市场的主角。

三、防水涂料的防水机理

防水涂料种类繁多，但其防水机理可分为两类：一类是涂膜型，通过形成完整的涂膜阻挡水的透过或水分子的渗透；另一类则是憎水型，通过涂膜本身的憎水作用来防止水分透过。

1. 涂膜型防水涂料的防水机理

涂膜型防水涂料是通过形成完整的涂膜阻挡水的透过或水分子的渗透来进行防水。许多高分子材料在干燥后能形成完整连续的膜，形成该膜的分子和分子之间有一些间隙，其间隙的宽度仅约为几纳米，只有单个的水分子可以从这些间隙中通过，而自然界的水却通常处在缔合状态，是一个较大的水分子团（几十个水分子之间由于氢键的作用缔合而成），这样的水分子很难通过成膜分子之间的间隙，因此，防水涂料涂膜可以阻挡水的透过或水分子的渗透，这就是涂膜型防水涂料的防水机理。聚合物水泥防水涂料就是通过涂膜来阻挡水的透过或水分子的渗透。

2. 憎水型防水涂料的防水机理

憎水型防水涂料的防水机理是利用高分子聚合物本身所具有的憎水特性（材料在空气中与水接触时不能被水润湿的性质），使水分子与涂膜之间根本不相容，从根本上解决了水分子的透过问题。

高分子聚合物所形成的完整连续的涂膜并不能保证所有的防水涂料都具有良好的防水功能，因为某些高分子聚合物分子上含有亲水基团，这些亲水基团对水的亲和能力比水分子之间的氢键作用力更强，因此可破坏水分子的氢键作用，导致水分子能够进入并透过高分子涂膜，这类高分子聚合物材料的防水功能就较差。例如，聚醋酸乙烯酯乳液的涂层在通水后出现发白现象。而本身具有憎水性的高分子聚合物涂膜就可以解决这一问题，如聚硅氧烷防水涂料就是根据此原理设计的。

聚硅氧烷俗称有机硅聚合物，有机硅聚合物在水中的溶解度极小，难吸收水分，同时由于分子主链外面存在的非极性有机基团与水分子中氢原子的排斥作用，使得有机硅聚合物具有良好的憎水性。

四、防水涂料的性能

防水涂料同其他产品一样，有着相应的技术性能指标。国家标准《建筑防水涂料试验方法》（GB/T 16777—2008）规定，主要对防水涂料的固体含量、低温柔性、拉伸强度、延伸率、不透水性等性能指标进行测定，因此，了解防水涂料各性能指标的含义有着十分重要的意义。

1. 固体含量

固体含量指防水涂料中所含固体比例，一般用涂料中所含不挥发物质的质量分数表示。由于涂料涂刷后靠其中的固体成分形成涂膜，因此固体含量多少与成膜厚度及涂膜质量密切相关。在单位面积用量相等的情况下，不同的固体含量可导致涂膜厚度差异较大，涂料的固体含量越高，所得涂膜越厚。

2. 低温柔性

低温柔性是指防水涂料涂膜能承受在低温条件下外力作用的能力。防水涂料除了要在高温日照条件下使用，还要在－10～－20℃（高寒地区可达－30～－40℃）条件下使用。而防水涂料对温度有一定的敏感性，通常表现为高温时柔软，甚至流淌；低温时发硬发脆，甚至碎裂。

3. 拉伸强度

拉伸强度可以检测防水涂料的生产工艺和施工工艺是否正常。涂膜的拉伸强度高说明涂膜结构致密，抗冲击、穿刺能力和抗老化性能较好。防水涂料的拉伸强度并不能克服建筑物因气温变化、地基沉降等影响而引起的变形，在加热、紫外线、酸碱的作用下，拉伸强度应能在一个合适的范围内变化。

4. 延伸率

延伸率是描述材料塑性大小的参数，延伸率数值越大，其塑形变形能力越强，强度和硬度就越小。延伸性质是防水涂膜适应基层变形的能力。防水涂料成膜后必须具有一定的延伸性，而且延伸性能应在一个合适的范围内变化，以适应由于温差、干湿等因素造成的基层变形，保证防水效果。

5. 耐热性

耐热性指防水涂料成膜后的防水薄膜在高温下不发生软化变形，不流淌的性能，即耐高温性能。防水涂料在高温和低温条件下的性能均有明显的改善，耐热性则是一项评定涂料在高温条件下是否符合使用要求的指标。

6. 黏结强度

黏结强度是涂层单位面积所能经受的最大拉伸荷载，即指防水涂膜的黏结性能。防水涂料成膜后，必须与水泥基层有一定的黏结强度，否则会影响涂膜的长期防水效果。因为防水涂膜具有不透水性，水泥基层下部的水分不能透过防水涂膜，如屋面水泥基板在使用过程中，室内产生水蒸气缓慢透过基板到达涂膜底部，水受热变蒸汽或受冷变液体，其体积变化极大，能产生很大的顶推力，如果黏结强度过低，涂膜则会起鼓发泡，或变脆甚至碎裂。

7. 不透水性

不透水性是指在一定时间内，且在一定水压（静水压或动水压）下，防水涂料所形成的涂膜阻挡水分穿过的能力。涂膜能耐的水压越高，其防水性能越好。不透水性是防水涂料满足防水功能要求的主要质量指标。

8. 加热伸缩率

加热伸缩率是表示防水涂膜在受到加热影响后其变形状况（伸缩能力）的一项技术性能指标。加热伸缩率这一性能指标对双组分反应型防水涂料具有重大意义。加热伸缩率大会使涂料加速老化、龟裂，甚至丧失防水功能。

9. 适用时间

适用时间是指涂料启用到失效的时间。对于双组分涂料，在使用前需将两个组分搅拌均匀，充分混合，发生化学反应，最终成膜。适用时间就是指发生化学反应初期，不影响施工性能和最终涂料性能的最长时间。超过这个时间，涂料的施工变得困难，其性能指标也不能得到保证。

五、防水涂料的施工

防水涂料的施工一般都要在涂刷前处理好基层。防水涂料的涂刷与施工面基层状况有很大关系，基层越不平整，使用的涂料就越多。因此，在涂刷防水涂料之前，最好将基层进行简单处理，尽量将基层处理平整。其次，应保证施工面无尘、无土、无油，把灰尘全部清除掉，否则会引起防水涂料的开裂掉皮，影响防水效果。防水材料经过不断的研制和试验，最终发现聚合物水泥防水涂料的效果很好，施工起来也比较方便，其保持的时间也很长，一般都是在20年左右不会有任何的问题。现主要介绍JS-聚合物水泥基防水涂料的具体施工步骤。

1. 基面（底材）处理

底材必须坚固、平整、干净，无灰尘、油腻、蜡、脱模剂等以及其他碎屑物质；基面有孔隙、裂缝、不平等缺陷的，须预先用水泥砂浆修补抹平，伸缩缝建议粘贴塑胶条，节点须加一层无纺布，管口填充建议使用雷邦仕管口灌浆料填充；阴阳角处应抹成圆弧形（或V字形）；确保基面充分湿润，但无明水；新浇注的混凝土面（包括抹灰面）在施工前应让其干固完全。

2. 材料准备

采用搅拌桶、搅拌机、取水计量杯等配料工具进行材料配比，先将液料（水）倒入搅拌桶中，再在手提搅拌器的不断搅拌下将粉料徐徐加入，至少搅拌15min，彻底搅拌均匀，呈浆状且无生粉团块、颗粒，一桶液料配一箱粉料，不可分开搅拌。

3. 涂刷底涂

底涂是为了提高涂膜与基层的黏结力，底涂采用长柄滚筒滚涂，需滚涂均匀不漏底。

4. 细部防水层处理

在管根、管道、阴阳角、施工缝等易发生漏水的部位应增强处理。在管根、管道周围凿开采用水不漏进行封堵，然后再用油漆刷涂刷1～2遍JS-聚合物水泥基防水涂料；阴阳角、施工缝部位采用玻纤网格布增强处理后用刮板刮涂一遍JS-聚合物水泥基防水涂料，增强网格布宽度为300mm。

5. 第一遍涂膜

细部节点处理完毕且涂膜干燥后，进行第一遍大面涂膜的施工。施工采用刮板批嵌，批嵌时要均匀，不能有局部沉积，并要多次涂刮使涂料与基层之间不留气泡。

6. 第二遍涂膜

在第一遍涂层干燥后（一般间隔6～8h为宜，具体检测方法以手摸不黏手指印为准），进行第二遍涂膜的施工，涂刮的方向与第一道相互垂直，批嵌时要均匀，不能有局部沉积。

7. 第三遍涂膜

第二遍涂膜干燥以后，进行第三遍涂膜的施工。第三遍涂膜采用长柄辊筒进行辊涂，辊涂的方向与第二遍涂膜垂直，辊涂时要均匀，不能有局部沉积。

8. 面层涂膜施工及收头处理

最后一遍涂膜采用长柄辊筒进行辊涂一遍，以提高涂膜表面的平整、光洁效果。涂膜收头时应采用防水涂料多遍涂刷，以保证其完好的防水效果。

9. 防水层验收

施工时应边涂刷边检查，发现缺陷及时修补，现场施工员、质检员必须跟班检查，检查合格后方可进入下一道涂层施工，特别要注意平立面交接处、转角处、阴阳角部位的做法是否正确。

10. 下道工序施工

涂膜应完全干燥2d后方可进行下道工序施工，施工时应注意对涂膜防水层的保护，以免人为或外为破坏防水层。侧墙防水层保护材料建议采用聚苯板或砂浆粉刷保护。顶板防水层保护材料宜采用砂浆或细石混凝土进行保护。

施工中应注意的问题：

① 施工前，进行安全教育、技术措施交底，施工中严格遵守安全规章制度。

② 施工人员须佩戴安全帽、穿工作服、软底鞋，立体交叉作业时须架设安全防护棚。

③ 施工人员必须严格遵守各项操作说明，严禁违章作业。

④ 施工现场一切用电设施须安装漏电保护装置，施工用电动工具正确使用。

⑤ 产品粉料应存放在干燥处，液料须存放在温度高于5℃的阴凉处，配制好的涂料应在3h内用完。

⑥ 每个工作面施工必须是一道工序施工完毕，验收后进入下道工序，不能交叉作业。

⑦ 涂膜搭接必须按要求搭接，即同层涂膜先后搭接宽度为50mm，施工缝搭接宽度大于100mm，上下层操作工人必须注意相互配合。

⑧ 施工完毕后应及时清洗施工工具，以免干后难以清除。

⑨ 运送、放置施工机具和料桶时，应在已施工的涂膜层上放垫纸板保护。

⑩ 管根部位要加以保护，施工中不得碰损位移。

⑪ 严禁在施工完成的防水层上打眼凿洞。

⑫ 涂膜应完全干燥2d后方可进行保护层的施工。

六、防水涂料的质量检测

标准GB/T 23445—2009《聚合物水泥防水涂料》规定的防水涂料技术性能指标见表2-4。

表 2-4 聚合物水泥防水涂料的技术性能指标

序号	试验项目			技术指标		
				Ⅰ型	Ⅱ型	Ⅲ型
1	固体含量/%		≥	70	70	70
2	拉伸强度	无处理/MPa	≥	1.2	1.8	1.8
		加热处理后保持率/%	≥	80	80	80
		碱处理后保持率/%	≥	60	70	70
		浸水处理后保持率/%	≥	60	70	70
		紫外线处理后保持率/%	≥	80	—	—

续表

序号	试验项目		技术指标		
			Ⅰ型	Ⅱ型	Ⅲ型
3	断裂延伸率/%	无处理　≥	200	80	30
		加热处理　≥	150	65	20
		碱处理　≥	150	65	20
		浸水处理　≥	150	65	20
		紫外线处理　≥	150	—	—
4	低温柔性(ϕ10mm)		−10℃		
5	黏结强度/MPa	无处理　≥	0.5	0.7	1
		加热处理　≥	0.5	0.7	1
		碱处理　≥	0.5	0.7	1
		浸水处理　≥	0.5	0.7	1
6	不透水性(0.3MPa,30min)		不透水	不透水	不透水
7	抗渗性(砂浆背面)/MPa	≥		0.6	0.8

任务实施

一、涂料配方

有机组分：无机组分：水＝1：1：0.6。有机组分配方见表 2-5，无机组分配方见表 2-6。

表 2-5　有机组分配方

序号	原料	质量分数
1	聚醚多元醇	50%～70%
2	增塑剂	20%～30%
3	多异氰酸酯	5%～15%
4	助剂	0.1%～0.5%

表 2-6　无机组分配方

序号	原料	质量分数
1	水泥	30%～40%
2	石英粉	60%～70%

二、任务实施步骤

仪器准备

主要任务:仪器的选择与准备

仪器设备:天平,四口反应烧瓶(5L)、烧杯(500mL)2个、量筒(100mL)1个,电热套,搅拌器,搅拌桶,标准板

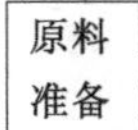

原料准备

主要任务:按涂料配方准备原料

聚醚二元醇、聚醚三元醇、增塑剂(邻苯二甲酸酯或邻苯二甲酸二壬酯)、甲苯二异氰酸酯、消泡剂(E-7)、二月桂酸二丁基锡、水泥、石英粉、水

涂料制备

主要任务:按操作规程完成涂料制备

有机组分制备:1129g聚醚二元醇、756g聚醚三元醇、586g增塑剂加到5L四口反应烧瓶中,升温至100～200℃,真空脱水4h,降温50℃以下,加入290g甲苯二异氰酸酯,慢速升温加热,控制温度80～85℃,真空条件下反应2.5h。降温50～60℃,加入2g消泡剂(E-7)、1.5g催化剂二月桂酸二丁基锡(T-12),搅拌1h,密封即得有机组分。

无机组分制备:500g水泥和1000g石英粉混合分散均匀即得无机组分。

有机组分∶无机组分∶水＝1∶1∶0.6

试件制备

主要任务:按要求将涂料涂覆于标准板表面

用毛刷或辊刷直接涂刷在基面上,力度使用均匀,不可漏刷;一般需涂刷2遍(根据使用要求而定),每次涂刷厚度不超过1mm;前一次略微干固后再进行后一次涂刷(刚好不黏手,一般间隔1～2h),前后垂直十字交叉涂刷,涂刷总厚度一般为1～2mm。实干后备用

性能测试

主要任务:关键性能指标检测

按GB/T 23445—2009标准测试涂料关键性能指标,测试项目见表2-4

综合评价

对于本任务的评价见表2-7。

表2-7 防水涂料的制备项目评价

序号	评价项目	评价要点	评价等级
1	产品质量①	抗拉强度/MPa	
		低温柔性/℃	
		断裂延伸率/%	
		不透水性(0.3MPa,30min)	
2	生产过程控制能力②	是否按操作规程操作	
		是否在规定时间内达到所需细度要求	
		试件制备,涂料涂覆是否均匀	
		试样测试是否规范、准确	
3	事故分析和处理能力③	能否正确分析出现异常事故的原因	
		能否采用适当方法处理异常事故	

① 按标准合格10分,不合格0分。

② 是10分,否0分。

③ 能10分,不能0分。

任务拓展

改性树脂类防水涂料的制备,参考中国专利CN103059622A《一种利用废聚苯乙烯塑料改性树脂乳液制备的防水涂料》。

参考文献

[1] 沈春林,苏立荣.防水涂料配方设计与制造技术.北京:中国石化出版社,2008.

[2] 反应型聚合物水泥防水涂料.CN102181224A.

[3] 一种利用废聚苯乙烯塑料改性树脂乳液制备的防水涂料.CN103059622A.

[4] GB/T 23445—2009 聚合物水泥防水涂料.

任务三　耐磨涂料的制备

耐磨涂料是指具有较好的耐磨损性的新型功能涂料。耐磨涂料是新型涂料领域中的核心，对现代涂料工业的发展起着重要的推动和支撑作用，已成为世界各国新型涂料领域研究发展的重点，也是世界各国现代涂料工业与技术发展竞争中的热点。

任务介绍

根据配方，制备一种耐磨涂料，将该涂料涂覆于基材表面，赋予材料较好的耐磨性能，要求所制备的涂料关键性能指标达到国家标准要求。

任务分析

通过在涂料的配方中加入耐磨剂，使涂料具有耐磨功能。通过涂料配制，制备出符合国家标准要求的合格的耐磨涂料。

相关知识

一、耐磨涂料的组成及应用

1. 耐磨涂料的组成

耐磨涂料一般由黏结剂、耐磨剂、增强剂（填料）等组成。

(1) 黏结剂

黏结剂是涂料的最主要的活性成分之一，其作用是将涂料中各种组分牢固地黏结在一起，并与基体产生良好的黏结力，使之在基体表面形成牢固的涂层。

耐磨涂料经常使用树脂作为黏结剂，常用的包括聚氨酯及其改性物、环氧树脂及其改性物、有机硅及其改性物、酚醛树脂、聚酰胺类等，其中以聚氨酯类的耐磨性为最好，其次为环氧树脂类，最差的是有机硅类。其中，弹性聚氨酯的耐磨性最为优良。耐磨涂料用树脂种类对性能的影响见表 2-8。

表 2-8　耐磨涂料用树脂种类对性能的影响

涂料	磨损失重/g	附着力/级
弹性聚氨酯树脂	0.0030	2～3
有机硅改性聚氨酯树脂	0.0056	2～3
开环环氧聚氨酯树脂	0.0098	1～2

续表

涂料	磨损失重/g	附着力/级
聚己内酯聚氨酯树脂	0.0120	1～2
环氧-酚醛树脂	0.0151	1～2
白色路标漆	0.0162	2
环氧-聚酰胺树脂	0.0183	1～2
环氧-改性单组分聚氨酯树脂	0.0424	2
环氧-改性有机硅树脂	0.0931	2～3

注：磨损失重按照 GB 1769—1979 测定；附着力按照 GB 1720—1979 规定的划圈法测定。

弹性聚氨酯具有两相结构，连续相为聚酯或聚醚链段，称为软段；非连续相是由二异氰酸酯和二元醇反应得到的刚性链段；同时，其间还有氢键作用而形成的物理交联。

聚氨酯弹性体虽然是公认的优良耐磨材料，但因其硬度较低，附着力也较差，有时不能充分发挥其性能优势。环氧树脂有良好的附着力，固化了的环氧树脂涂膜具有较高的硬度，但环氧涂层较脆，限制了其应用。为此可以在环氧树脂中引入较长的脂肪链（如 C_{18}～C_{22} 的脂肪酸），发生开环反应，形成开环环氧树脂，改进环氧树脂的弹性。如果再以多异氰酸酯固化环氧树脂，其交联反应可以得到同弹性聚氨酯相类似的化学结构，具有优异的耐磨性能。

近期又发展了以金属为基料的耐磨涂料，具有使用温度高、磨损寿命长的优点，但涂覆工艺较复杂。

（2）耐磨剂

耐磨剂的作用是提高耐磨涂料的润滑减磨性能，使涂料具有较小的摩擦因数和较好的自润滑性。耐磨剂加入涂料中固化后，大部分能微突出于涂膜表面，均匀分布。当涂膜承受摩擦时，实质是耐磨剂承受摩擦、涂膜被保护免遭或少遭摩擦，从而延长了涂膜的使用周期，赋予涂膜耐磨性能。

耐磨剂在种类上与防滑剂大致相同，但耐磨剂的粒径要小得多，一般为 0.5～10μm，所以耐磨涂料也具有一定的防滑性。

常用的无机耐磨剂如碳化硅、细晶氧化铝、玻璃纤维、玻璃薄片、矿石粉、金属薄片等。常用的有机耐磨剂为惰性高分子材料，如橡胶粉末、聚酰胺粒子、聚氯乙烯粒子、聚酰亚胺粒子等。

（3）增强剂（填料）

增强剂（填料）可在一定程度上提高涂料的机械强度和表面硬度，改善涂料的抗磨性能。多采用高硬度刚玉、金刚砂、石英、碳化硼、金属氧化物（如三氧化二铬）等材料，有些配方亦加入适量的固体润滑剂，如 MoS_2、聚四氟乙烯等，通过增加涂膜润滑性而提高耐磨性。填料对涂料耐磨性能的影响见表 2-9。

表 2-9 填料对涂料耐磨性能的影响

填料	磨损失重/g	摩擦因数	耐磨性/(m/μm)
—	0.0483	0.120	45.70
二氧化钛	0.0360	0.330	—
三氧化二锑	0.0310	0.420	—
三氧化二铁	0.0390	0.224	—

续表

填料	磨损失重/g	摩擦因数	耐磨性/(m/μm)
三氧化二铬	0.0170	0.376	—
四氧化三铅	0.0160	0.086	—
三氧化二铝(刚玉)	0.0074	0.387	—
二硫化钼	0.0468	0.120	—
气相二氧化硅	0.0390	—	—
碳化硅(金刚砂)	0.0074	—	—
氮化硼	0.0150	—	—
铁粉	0.0156	0.124	56.25
铜粉	0.0156	0.137	31.60
铝粉	0.0156	0.136	268.4

加入各种金属氧化物填料后，涂层耐磨性有所提高。加入金刚砂、氮化硼、刚玉、三氧化二铬和四氧化三铅的涂膜的磨损失重较小，耐磨性较好。添加金属粉也可以提高涂膜耐磨性，加入纳米铜粉、纳米铁粉可以提高涂层的磨损寿命，纳米铁粉的效果尤其明显。

2. 耐磨涂料的应用

(1) 工业环境

耐磨涂料具有较好的耐磨损性，机械工业采用耐磨功能涂料对机械关键零部件进行金属表面涂层处理，可提高机械设备的耐磨性、硬度和使用寿命。

风机是工厂、企业普遍使用的设备之一，锅炉鼓风、消烟除尘、通风冷却等都离不开风机。风机叶片是风机的关键部件之一，风机叶片的使用寿命直接关系到风机的使用寿命。风机叶片工作环境恶劣，易受磨蚀破坏，需选择优异的防护涂层，提高叶片的耐磨性，延长其使用寿命。

在水泥厂中，有很多设备和管道受到有腐蚀作用的散状物料的冲刷而引起磨损。据统计，水泥行业因磨损而引起的停机时间占总停机时间的50%～55%。因此，提高水泥设备相关零件的耐磨性、降低耐磨材料的消耗，对提高设备运转效率、降低生产成本、节约资源和能源具有重大的意义。

由高性能耐磨陶瓷颗粒与改性增韧树脂复合得到的耐磨抗蚀聚合材料，用于各类有耐磨、抗蚀要求的机件表面制备耐磨涂层，如大负荷细颗粒冲蚀磨损的泵体、叶轮、风机壳体、管道弯头、管道螺旋输送器等的修复和预保护。

(2) 海洋环境

舰船的螺旋桨、船舶的甲板、闸门、码头钢桩、桥墩、海上石油平台、管道、灯塔等在长期使用过程中会受到砂石和水流的冲刷，磨损严重，为延长使用寿命，材料表面需要涂覆耐磨涂料。

(3) 交通、建筑环境

高速列车行驶过程中会受到高速气流的冲击作用，建筑物的地板、地面漆等经常受到摩擦力的作用，为延长使用寿命，需要在材料表面涂覆耐磨涂料。

二、耐磨涂料的分类

耐磨涂料可以根据黏结剂类型、固化特性、性能特点、耐磨剂种类进行分类，见图2-3。

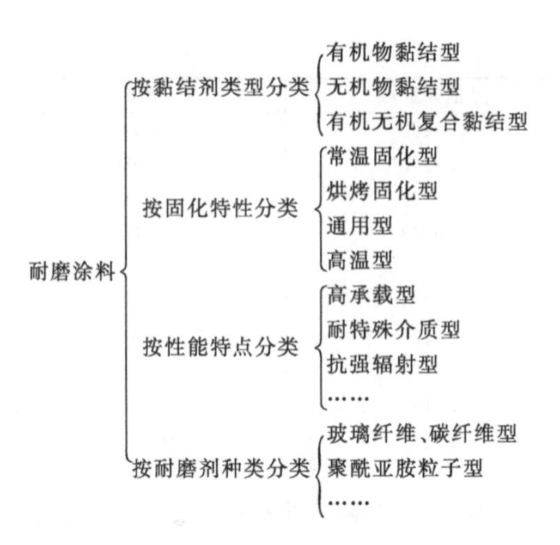

图 2-3　耐磨涂料的分类

三、耐磨效果评价

涂膜的耐磨性是涂膜抵抗摩擦、划伤、侵蚀的一种能力，在实验室中以试样能承受的摩擦来考核耐磨效果，通过仪器加速磨损来平行对比或与空白试样对比来考核其耐磨性能。

加速检验涂膜耐磨性的仪器主要有泰伯尔磨蚀仪、泰伯尔砂石输送器、耐洗涤（耐磨）试验机。

1. 泰伯尔磨蚀仪（Taber abraser）

泰伯尔磨蚀仪用于平涂膜板耐磨耗性的检验。该仪器主要由一对粗糙度不等的不同型号的砂轮组成，砂轮上可放置不同质量的砝码。由涂膜的耐磨损程度选择合适型号的砂轮和合适质量的砝码，砂轮产生磨损作用。

将涂膜板固定在旋转台上，旋转台使磨蚀轮在涂膜板上呈水平旋转，致使样板磨损。该仪器备有计数器，自动记录样板磨蚀的圈数。

泰伯尔磨蚀仪磨耗结果有以下四种表示方法。

（1）质量损失法

用泰伯尔磨损指数表示。该指数为在特定的条件下（由砂轮型号和砝码质量确定），磨损 1000 圈时，涂膜所失去的质量（mg）。磨损指数越低，涂膜的耐磨性能越好。

质量损失法也可用达到同样磨耗质量的磨蚀圈数表示。

在涂膜的密度接近，材质相似的情况下进行耐磨性比较时，推荐使用该法。

（2）视觉终点法

在磨损过程中，以直接观察到的外观特征方面的明显变化或物理断裂作为耐磨效果的比较依据。例如以露出底面的磨蚀圈数表示。

（3）体积损失法

校正涂料的密度用于质量损失法，可以得到比较耐磨性的真正值。例如清漆涂膜同含有大量颜料的色漆涂膜比较耐磨性时，后者由于添加了着色颜料而具有较高的密度，在这种情况下推荐使用校正系数（固体质量/液体涂料体积）进行计算。当密度不同的涂膜进行耐磨性比较时推荐用该法。

(4) 磨耗深度法

该法是使用特殊的磨蚀压力和磨蚀轮子，旋转涂膜板后得到的磨蚀圈数。涂膜磨损深度是使用精密校正的光学测微计测定的。

由于上述4种方法测试过程不同，测得的泰伯尔耐磨结果之间不能进行比较。只能根据涂膜磨损难易程度、厚度、密度等情况选择合适的单个方法表示涂膜耐磨效果。

2. 泰伯尔砂石输送器（Taber grit feeder）

可将泰伯尔砂石输送器与磨蚀仪联合使用，评价涂膜耐磨耗性。该法引入松散砂粒的磨损效果和砂轮的转动作用，导致涂膜的物理性破坏。使用真空系统连续除去磨损掉下的涂膜屑和用过的砂粒。

泰伯尔砂石输送器适用于地面涂装涂膜、弹性地面涂覆层的耐磨效果测试。

3. 耐洗涤性（耐磨）试验机（washability machine）

加入皂液或摩擦介质，使用毛刷或砂刷在涂膜面上做往复运动，加速模拟磨损和扯裂。该试验机适用于检验建筑涂料的耐磨效果。

有关性能测试标准请参照表2-10。

表2-10　耐磨涂料性能测试标准

检验项目	参照标准	检验项目	参照标准
耐磨试验方法(JM-1漆膜耐磨仪)	ASTM D4060—2007	黏剪切强度	HG 2-151—1965
压缩弹性模量	GB/T 1041—2008	抗压强度	GB/T 1041—2008
线膨胀系数	GB/T 1036—2008	抗冲击强度	GB/T 1043.1—2008
附着力(划圈)	GB/T 1720—1979	耐湿热性	GB/T 1740—2007
耐盐雾性	GB/T 1771—2007	黏度	GB/T 1723—1993
干性	GB 1728—1979(1989)	细度	GB 1724—1979
固体分/%	GB/T 1725—2007	柔韧性/mm	GB/T 1731—1993
耐酸性	GB/T 1865—2009	耐冲击强度/cm	GB/T 1732—1993
耐候性	GB/T 1865—2009	硬度(摆杆)	GB/T 1730—2007
耐油性	HG/T 3343—1985	耐水性	GB/T 1733—1993
耐热性	GB/T 1735—2009	漆膜硬度	GB/T 6739—2006

四、涂料成膜工艺

涂料性能的好坏不仅与所用耐磨剂的特性有关，也与施工方法密切相关。涂层与底材间附着力的好坏，不仅与黏结剂特性有关，而且与施工工艺密切相关。在施工过程中，金属表面的预处理是涂膜成败的关键。预处理不好的金属表面结合力差，易被剥离或形成碎屑，导致整个涂膜失效。

经过预处理的金属表面，必须尽快涂覆涂料，否则，容易因腐蚀或弄污而影响涂膜附着力。涂覆方法很多，除刷、浸、喷以外，还可用电镀、电泳、渗透、溅射、热擦和等离子喷涂等工艺。

金属表面的粗糙度对涂膜的黏结强度有影响，如喷涂与载流粒子的类型和颗粒尺寸、喷射压力、从喷嘴到试样的距离和角度、喷嘴孔的大小等有关。

对于同种金属底材，不同的预处理工艺对涂层的摩擦性能有不同的影响，日本的伊藤晁逸进行过这一方面的详细考察。研究证明，喷砂加磷化处理的效果最好，喷砂处理的次之，打磨处理的最差。对于同一种预处理工艺，处理表面的粗糙度亦有重要影响。经验表明，在进行喷砂处理时，对于硬质底材，应当采用粒径为 70μm 以下的细砂；对于软质材料，则采用粒径约为 150μm 的粗砂粒效果更好。对于磷化处理，不同的磷化系列，以及同一系列中不同的结晶尺寸都对润滑涂层的摩擦性能有重要的影响，比如以 45 号钢为底材，采用磷酸锰细晶处理的耐磨寿命比用粗晶处理的耐磨寿命几乎提高 1 倍；使用柱状细结晶的锰系磷化处理涂膜时，耐磨性能提高最多。

五、耐磨功能涂料生产技术

1. 金刚石耐磨涂料

金刚石耐磨涂料是在普通涂料成品中添加金刚石单晶而成，制造方便，耐磨效果明显。金刚石单晶为 70～725 目，添加量与涂料的质量比是 1∶(10～100)，搅拌均匀即可。制得的金刚石涂料与普通涂料相比，其耐磨及耐损伤性提高 1～10 倍，耐老化程度提高 1～5 倍。

2. 聚偏氟乙烯和丙烯酸聚合物型耐磨涂料

该涂料以聚偏氟乙烯和丙烯酸聚合物共混物为基料，加入 10%～50%的无机填料（由碳化硅粉末和玻璃珠构成）以及有机填料（由丙烯酸聚合物珠粒和 PTFE 粉末构成），其中无机填料的含量为填料总量的 10%～70%。

例如，由聚偏氟乙烯和丙烯酸聚合物的混合物（80∶20）配入 SiC 10 份、玻璃珠 5 份、丙烯酸-乙二醇二甲基丙烯酸酯-甲基丙烯酸甲酯共聚物珠 10 份、聚四氟乙烯 5 份。

3. 金属耐磨涂料

金属耐磨涂料一般以还原性金属氧化物（如氧化亚铜、氧化银）以及镍、锡、铝等氧化物为基料，配入固体润滑剂（如二硫化钼、二硫化钨和石墨等），分散在溶剂中，采用电沉积涂覆方法在被涂物的表面形成均匀的耐磨涂层，然后在 700～760℃氢气中将金属氧化物还原成金属，固体润滑剂均匀地分散在金属涂层中，还原金属和金属底材相互扩散形成牢固的耐磨涂层，其特点是使用温度高。

例如，将质量分数为 86%的氧化银、8%的二硫化钼和 6%的氧化亚铜放入球磨机中研磨 100～200h，分散在甘油和异丙醇的混合溶剂（50%甘油和 50%异丙醇）中，制得 5%左右的悬浮液。然后放入电泳槽中，电极电压为 250V，50s 后涂层厚度可达 90μm。取出后在 700℃的氢气中还原 15s 即可将氧化银、氧化亚铜还原成金属银和铜。经过分析测试，涂层的组成为银 85%、铜 5%、二氧化钼 10%。

4. 辐射交联固化的改性有机硅树脂耐磨涂料

涂料不含任何填料，完全依靠树脂赋予涂膜耐磨及润滑性。由四烷氧基硅烷经水解—缩合，主要与氨醇缩合，再与多官能度丙烯酸酯单体和低聚物反应而制成。

例如，涂装聚碳酸酯所用的一种涂料是由 10.24g 四烷氧基硅烷、0.775g 乙醇胺、73.7g Sartomer SR 295、3.94g 丙烯酸、4.36g 水和 4g Darocure 组合而成。

5. 纳米水性无机仿铜附磨涂料

该种涂料以纳米 SiO_2、纳米硅酸锂水溶液（钾水玻璃）和三元纳米乳液为主要成分，并添加分散剂、消泡剂、增稠剂等各种助剂，以纯铜粉、纯锡粉、锌粉等金属粉末为主要颜料，再配合氧化锌、滑石粉等颜料按比例混合后涂饰于被饰物表面。待涂料充分干燥后（常温 250℃，4h），用特制金属在涂膜表面轻轻擦拭，即可得到光洁如新的金属质感很强的涂层。该仿铜耐磨涂料具有仿真度高、硬度高、耐磨性好、无污染、耐高温、不燃的特点。

6. 新型纳米耐磨功能涂料

新型纳米耐磨功能涂料是以纳米无机化合物为主要成分的水性涂料。

将一定量的水与六偏磷酸钠（分散剂）加入搅拌釜内，在强烈搅拌下，使六偏磷酸钠在水中完全溶解，然后加入超细弹性浆料、超细复合钛白粉、纳米 SiO_2、消泡剂等，继续搅拌 30min 至固体达到最大极限的分散。在反应釜内加入三元聚合纳米复合乳液、乙烯-醋酸乙烯酯、纳米致密化抗振剂，加入水充分调配均匀，搅拌 15min 后加入保护胶、纳米抗菌剂、pH 值调节剂制成乳液成品，然后加到混合制备反应釜中。把上述研磨分散的颜料与填料混合制备，再直接加入纳米抗老化剂、纳米耐沾污剂、纳米耐擦洗剂等，再加入成膜助剂乙二醇或 1,2-丙二醇、增塑剂磷酸三丁酯或邻苯二甲酸二丁酯，搅拌一定的时间后加入消泡剂，最后加入纳米防水剂、纳米颜料色浆与氨水，调节 pH 值至 8～9，可得到含有各种颜色的高弹性路桥纳米致密化抗共振耐磨涂料。

六、耐磨涂料配方举例

1. 一般性耐磨涂料

配方见表 2-11。

表 2-11　一般性耐磨涂料配方

原料	用量/g	原料	用量/g
环氧树脂	100	高岭土	70～85
隐晶石墨	28～32	MoS_2	9～11
一氰乙基二乙三胺	20～25		

2. 耐磨润滑涂料

配方见表 2-12。

表 2-12　耐磨润滑涂料配方

原料	用量/g	原料	用量/g
聚四氟乙烯	100	碳纤维	180
聚苯硫醚	700	MoS_2	50

3. 钢板用耐磨涂料

配方见表 2-13。

表 2-13　钢板用耐磨涂料配方

原料	质量/g	原料	质量/g
聚四氟乙烯	100	二氯甲烷	667
石墨	33	石蜡	33
聚丙烯酸酯	100		

4. 电极用银色耐磨涂料

配方见表 2-14。

表 2-14 电极用银色耐磨涂料配方

原料	用量/g	原料	用量/g
甲醛树脂和乙基纤维素的溶纤剂溶液	适量	热裂炭黑(平均 300μm) 天然石墨(平均 10μm)	520 520
人造石墨(平均 10μm)	260	丁基醚化脲醛树脂	80
硝基纤维素	20	银粉(平均 1μm)	150

5. 水性地板用含水泥耐磨涂料

配方见表 2-15。

表 2-15 水性地板用含水泥耐磨涂料

原料	用量/g	原料	用量/g
丙烯酸乳液	225mL	CaO	63
SiO_2	23	MgO	9
Al_2O_3	99	N_2O	1
FeO	1	SO_3	37

任务实施

本次任务是制备一种用于金属表面的高温耐磨涂料。

一、涂料配方

用于金属表面的高温耐磨涂料配方见表 2-16。

表 2-16 用于金属表面的高温耐磨涂料配方

序号	原料	用量/份
1	磷酸(85%)	22～28
2	氢氧化铝	3～5
3	水	5～8
4	氧化铬	0.01～0.02
5	溶剂(稀释后硅溶胶)	6～10
6	白刚玉(120 目以上)	10～18
7	氧化锆(含量>60%)	12～18
8	氧化铝	8～12
9	氧化镁	0.03～0.05
10	促凝剂(高铝水泥)	4～7
11	不锈钢丝	0.3～0.6

二、任务实施步骤

仪器准备

主要任务：仪器的选择与准备

仪器设备：天平，砂磨分散搅拌多用机1台、烧杯(500mL)2个、量筒(100mL)1个，金属板

原料准备

主要任务：按涂料配方准备原料

磷酸(85%)、氢氧化铝、水、氧化铬、溶剂(稀释后的硅溶胶)、白刚玉(120目以上)、氧化锆(含量＞60%)、氧化铝、氧化镁、促凝剂(高铝水泥)、不锈钢丝

涂料制备

主要任务：按操作规程完成涂料制备

1. 胶黏剂制备：将氢氧化铝和水混合，再将磷酸(85%)倒入混合液中加热到70～120℃，边搅拌边加热使其完全反应，得到微绿色清澈液体，再加入氧化铬。

2. 主料制备：将制得的胶黏剂与稀释后的硅溶胶溶剂、粉剂(白刚玉、氧化锆、氧化铝、氧化镁按配方混合)按(30～42)∶(6～10)∶(40～60)比例搅拌混合均匀即可制得主料。

3. 取高铝水泥和不锈钢丝组成辅料，主料和辅料按照(76～110)∶(4～8)的比例，将高铝水泥在使用时加入主料，不锈钢丝撒在金属表面即可

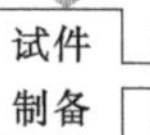

试件制备

主要任务：按要求将涂料涂覆于标准板表面

1. 将金属受热面用水冲洗干净，锈蚀处用喷砂除锈工艺清理干净。

2. 按比例将主料和粉料搅拌均匀，静置10～15min，30min内用完。

3. 将制好的涂料用喷枪分两次喷于金属表面，第一次厚度为0.3mm，喷完后在表面撒上不锈钢丝，增加材料强度；间隔4h，当第一层干后，再喷第二层，总厚度不小于0.8mm

性能测试

主要任务：关键性能指标检测

进行耐磨度、热导率、抗拉强度等性能测试

归纳总结

1. 仪器、设备需要预先清洗干净并干燥。
2. 加黏稠液体原料时用减量法。
3. 加粉状固体料时，加料速度要均匀，且避免挂壁。
4. 搅拌分散转速适中。

综合评价

耐磨涂料的制备项目评价见表2-17。

表2-17　耐磨涂料的制备项目评价

序号	评价项目	评价要点	评价等级
1	产品质量①	在容器中的状态	
		耐磨度	
		热导率	
		抗拉强度	
2	生产过程控制能力②	是否按操作规程操作	
		是否在规定时间内达到所需要求	
		试件制备，涂料涂覆是否均匀	
		试样测试是否规范、准确	

续表

序号	评价项目	评价要点	评价等级
3	事故分析和处理能力③	能否正确分析出现异常事故的原因	
		能否采用适当方法处理异常事故	

① 按标准合格 10 分，不合格 0 分。

② 是 10 分，否 0 分。

③ 能 10 分，不能 0 分。

任务拓展

酚醛环氧基高耐磨涂料的制备，参考中国专利 CN1225380 一种酚醛环氧基高耐磨涂料。

参考文献

[1] 童忠良等. 功能涂料及其应用. 北京：中国纺织出版社，2007.

[2] 刘国杰. 特种功能性涂料. 北京：化学工业出版社，2002.

[3] GB/T 1769—1979 漆膜磨光性测定法.

[4] HG 2-151—1965 塑料粘接材料剪切强度试验方法.

[5] GB/T 6328—1999 胶黏剂剪切冲击强度试验方法.

[6] GB/T 1720—1979 漆膜附着力测定法.

[7] GB/T 1740—1979 漆膜耐湿热测定法.

[8] 用于金属表面的高温耐磨涂料及其制备、使用方法. CN1850917.

[9] 一种酚醛环氧基高耐磨涂料. CN1225380.

任务四 阻尼涂料的制备

阻尼涂料是一种具有减振、隔声和一定密封性的特种涂料，广泛应用于飞机、船舶、车辆和各种机械的减振和降噪，涂料可直接喷涂在结构表面上，施工方便，尤其对结构复杂的表面，更体现出它的优越性，应用广泛。

任务介绍

根据配方，制备一种阻尼涂料，将该涂料涂覆于基材表面，赋予材料较好的减振和降噪性能，要求所制备的涂料关键性能指标达到国家标准要求。

任务分析

通过在涂料的配方中加入具有阻尼作用的填料和辅助材料，赋予涂料减振和降噪功能。通过涂料配制，制备出符合国家标准要求的合格的阻尼涂料。

一、阻尼涂料及其作用

阻尼涂料是一种具有减弱振动、降低噪声和一定密封性的特种涂料，一般由在使用环境下处于黏弹态的高分子材料和特定填料及助剂组成。阻尼主要涂布处于振动条件下的大面积薄板状壳体上，阻尼涂料已广泛应用于航空、航天、舰船、汽车、机械、纺织、建筑、体育等领域。

振动和噪声是各行业普遍存在并亟待解决的问题，主要包括交通噪声、工业噪声和生活噪声，如种机车、轨道车辆、汽车、轮船、风机、工程机械、洗衣机、洗碗机、空调机、冰箱、建筑板材、送风管道、环保设备等。应用阻尼材料可以有效地降低设备及板壁结构的振动和辐射噪声，是环保性减振降噪材料。阻尼涂料主要用于振动和噪声产生的部位，如舰船的主/辅机舱、舵机舱和螺旋桨上方对应部位。另外，将阻尼涂料与吸声材料复合在一起使用，形成复合阻尼隔声构件，具有减振、吸声和隔声作用，特别适合于住舱、集控室、会议室、主配电室和驾驶室等部位。装置的发动机和传动部分往往直接或间接和壳体相连，其强烈的振动也将直接或间接地传给壳体而引起壳体的振动，一旦其振动频率与壳体的固有频率相同，则会引起壳体的共振。壳体的共振会导致两种后果，一是壳体材料产生应力，引起材料疲劳，使材料强度降低，甚至过早断裂，例如，在航空工程领域，有60%～80%的断裂是由于结构材料的疲劳而引起的；二是壳体的强烈振动成为噪声的二次振源（发动机及其传动系统是噪声的一次振源），使周围的空间产生噪声污染。若在这种振动的壳体上涂上一层阻尼涂料，就能有效地起到减振降噪作用。

二、阻尼涂料的分类

根据不同的分类标准，阻尼涂料通常可以按以下方法进行分类。

1. 根据阻尼涂料的作用机理分类

(1) 自由阻尼结构涂料

自由阻尼结构是将一层一定厚度的黏弹阻尼材料粘贴于基板表面上，当基板产生弯曲振动时，阻尼层随基本层一起振动，在阻尼层内部产生拉压变形而耗能，从而起到减振降噪的作用。

(2) 约束阻尼结构涂料

约束阻尼结构是在阻尼层外侧表面再粘贴一高模量的弹性层。当阻尼层随基本结构层一起产生弯曲振动而使阻尼层产生拉压变形时，弹性层将起到约束作用而产生剪切形变，从而损耗更多的能量。

2. 根据阻尼涂料的适用温度范围分类

阻尼涂料的阻尼性能与温度、频率有着密切的关系。低温相当于高频，高温相当于低频，阻尼涂料的选用因工作频率、温度等而不同。阻尼涂料根据使用温度的不同可分为宽温域阻尼涂料、低温域阻尼涂料、高温域阻尼涂料等。

(1) 宽温域阻尼涂料

在较宽温度范围内具有良好阻尼性能的阻尼涂料称为宽温域阻尼涂料。单一的聚合物阻尼温域只有 20～30℃，有效阻尼功能区狭窄，难以满足现实要求。通过多组分共聚、共混和互穿网络方法，提高聚合物的减振降噪性能、拓宽阻尼温域。某些宽温域阻尼涂料的使用温域可达零下几十摄氏度至 100℃以上。

（2）低温域阻尼涂料

在相对较低的温度范围内具有良好阻尼性能的阻尼涂料称为低温域阻尼涂料。该类阻尼涂料一般用于高寒地区或长期在低温状态的工况下所使用设备的减振降噪。如高寒地区的高铁列车需要运行环境最低可达－30℃以下，即可采用低温域阻尼涂料实现减振降噪。

（3）高温域阻尼涂料

在相对较高温度范围内具有良好阻尼性能的阻尼涂料称为高温域阻尼涂料。该类阻尼涂料一般用于热带地区或长期在高温状态的工况下所使用设备的减振降噪。如汽车发动机外壳在使用条件下表面温度达 70～110℃，即可采用高温域阻尼涂料实现减振降噪。

三、阻尼涂料的阻尼原理

阻尼作用是在某振动体产生高的共振振幅之前，先将振动能的一部分消耗在自身之中，以达到减小振幅值，降低振动能的目的。根据弹性理论，一个物体在应力场中发生变形时，其弹性能作为内能的形式而储存于该物体中。实验指出，所有物体在形变过程中，总有一部分弹性能被消耗为不可逆的热能，此现象称为“力学损耗”。例如，一条自由振动的钢条，即使在“孤立"条件下（在真空中无任何阻力），其振幅值也会随时间而衰减，最后变为零；一条自由振动的高分子材料（如橡胶条）振幅的衰减速度要比钢条快得多，也即高分子材料比钢条的力学损耗大得多。这就是为什么汽车壳体的内表面、机器盖内壁要涂一层由高分子材料构成的阻尼涂料，用来减振的理由所在。

聚合物的阻尼作用与聚合物的分子特性密切相关。聚合物在外力作用下产生的形变与温度及外力作用时间有密切关系。对于一个理想的弹性体，受力后形变在瞬时就能达到平衡，与时间无关；对于一个理想黏流体，受力后形变与时间成线性关系。高分子材料受力后形变与时间的关系，介于理想黏流体与理想弹性体之间，故高聚物又称为黏弹性材料，或称“黏弹体”。黏弹性是高分子材料的一个重要特性。聚合物的黏弹性表现在力学性质上为力学松弛现象。聚合物由于受外力作用的情况不同，可产生许多类型的力学松弛现象，最基本的有三种：蠕变、应力松弛及滞后现象。蠕变是指聚合物在较小的恒外力作用下，其应变（即变形）随时间逐渐增大的现象。应力松弛是指聚合物在形变保持不变时，其内应力随时间而衰减的现象。滞后是指聚合物在外力作用下其应变落后于外力的现象，聚合物的滞后现象与其阻尼性能直接有关。

聚合物在交变应力下发生交变形变。在没有滞后现象时，形变每循环一次，对聚合物所做的功等于它释放的功，没有功的消耗。如果有滞后现象，则每循环一次就要消耗功，这种力学损耗统称为内耗。高分子材料在受到交变力场的作用下发生的位移滞后现象，产生的力学损耗是其产生阻尼作用的根本原因。

阻尼涂料在使用过程中与轮胎、传送皮带、消声器等类似，可被视为受到交变应力的作用。其中的高聚物黏弹体在交变应力作用下形变落后于应力发生滞后。由于滞后，在每一次循环中都有能量的损耗，形成“内耗”，消耗的功以“热”的形式释放出来。实际过程是将一定量的动能、机械能变成了热能，从而起到减振降噪的阻尼作用。因而阻尼涂料的阻尼性能实质上就是高聚物在特定条件下的力学损耗。

高分子材料一般在 T_g 区域内表现出的阻尼性能最好。这是因为当温度在 T_g 区域内时，高分子链段刚好处于能够自由运动的黏弹状态，体系黏度很高，链段运动受到的摩擦阻力很大，故不可逆滑动增加，形变滞后于应力变化，导致体系内耗较大；当温度低于 T_g 时，高分子链段处于坚硬的玻璃态（自由运动被冻结），分子间链段的滑移现象极少，外力作用于高分子材料时只引起键长和键角的改变，而这种形变很小、很快，足以跟得上应力的变化，故体系内耗较小；当温度高于 T_g 时，高分子链段处于高弹态，链段运动较自由，链段间的滑动能够很快恢复，故体系内耗也较小。T_g 的峰值表示在该温度下，高分子材料可以发挥最强的阻尼作用；而 T_g 的跨度则表示高分子材料发挥有效阻尼作用的温度区域。通常 T_g 的跨度越大，则温域越宽。

四、阻尼涂料的性能

对阻尼涂料的性能评价包括常规性能和阻尼性能两个方面。

1. 阻尼涂料的常规性能

阻尼涂料的常规性能评价包括涂料物性、涂装施工性能、涂层常规性能评价三个方面。一种好的阻尼涂料，不但在配方上能够保证有好的阻尼特性及长的使用寿命，而且涂料本身在成膜前应有很好的稳定性，涂布时具有优良的施工性能，成膜后具有良好的涂膜功能性。

（1）涂料物性

涂料物性从某种角度间接反映了涂料产品的质量，其评价指标主要有涂料的外观、固体含量、灰分、储存稳定性等。

（2）涂装施工性能

评价指标主要有黏度、触变性、流动极限、固化性能等。

（3）涂层常规性能

它是判断涂料成膜后是否达到预期使用性能的手段之一，评价指标较多，包含了涂层的常规物理性能、耐各种液体介质、各种环境的性能。常规物理性能主要包括涂膜外观、膜厚、硬度、附着力、冲击强度、抗石击性、柔韧性；耐液体介质主要包括耐水、耐酸、碱性能；耐环境性能主要包括耐温变性、耐热性、耐老化、耐盐雾、耐湿热等。其中任何一项不合格都会影响到阻尼涂层的最终使用性能。

2. 阻尼涂料的阻尼性能

阻尼性能是阻尼涂料的特种功能，其大小与受力、形变、温度和时间等因素有关。材料的阻尼性能通常用阻尼系数（也叫损耗正切 $\tan\delta$ 或损耗因子）来衡量。一般采用 DMA 动态热机械分析仪进行动态力学性能测试，得到损耗因子温度（$\tan\delta$-T）曲线。DMA 是一种研究高分子结构和松弛的有效方法。对于聚合物来说，由于在玻璃化转变区域，原先被冻结的链段开始可以运动，但是此时体系的黏度还很高，内摩擦很大，链段运动跟不上外部应力或应变的变化，因此应力与应变之间的相位差很大，从而表现出较大的力学损耗。因此从损耗因子 $\tan\delta$ 温度谱中主转变峰所对应的温度可以得到聚合物的玻璃化转变温度，同时从其损耗因子所对应的值还可评价聚合物的阻尼性能。一般而言，$\tan\delta>0.3$ 时材料具有较好的阻尼性能。

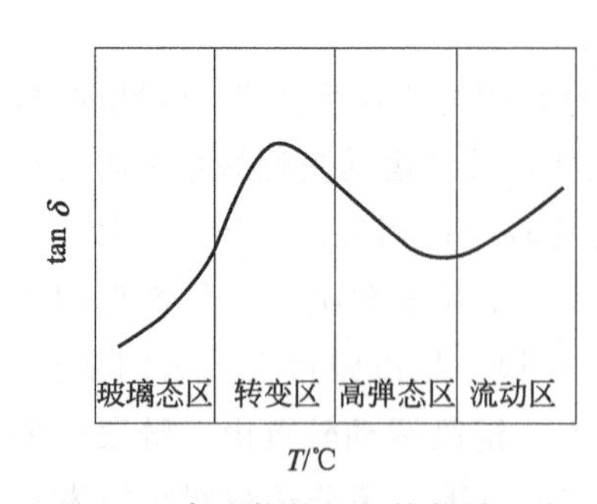

图 2-4 高聚物的阻尼性能随温度变化的曲线

高分子聚合物材料的阻尼性能与材料本身的结构密切相关。当产生振动时，一方面是高分子材料内部链段之间的摩擦对阻尼性能的贡献；另一方面是填料与高分子链段及填料与填料对材料阻尼性能的贡献。高聚物的阻尼性能随温度变化的曲线见图 2-4。

优良的阻尼材料应满足 3 个条件：

① 在阻尼材料使用温度和频率范围内，tanδ 峰值要比较高；

② tanδ 的峰值要宽，以保证阻尼材料在较大范围内有较高的阻尼性能，降低其对温度和频率的敏感性；

③ 复合多功能型，阻尼材料除具有宽温、宽频 、高阻尼峰值外，还应具有吸声、吸波、隔热、阻燃、环保等功能。

五、阻尼涂料的施工

良好的施工是阻尼涂料能够发挥良好阻尼作用的重要保证。以水性阻尼涂料的施工为例说明阻尼涂料的施工工艺。

1. 基面准备

① 为保证材料性能，施工前须彻底清除黏附在基面上的任何有碍于涂料与基面粘接的杂物、沾污物，如易脱落的小石粒、沙子和浆渣等，尤其注意清除油污，并在施工过程中应注意避免接触油污。

② 如基面上有凝结水，应擦除干净，并在施工过程中避免因冷凝、渗、漏等原因造成基面沾水。对基面的渗漏水部位，必须做好防水处理。

③ 如基面上旧有的涂料层存在诸如起皮、空鼓、开裂、剥落、面粉化、遇潮软化、严重沾污以及与基面结合普遍不牢固等状况时，必须对旧涂层作一次全面检查，划出重点影响区域范围，并予以彻底铲除。

④ 对于基面的处理工艺有特殊要求的，应提前进行处理。

2. 施工工艺

一般来说，水性阻尼涂料的施工工艺流程为：静置（水）→搅拌→调泵（防护）→喷涂→干燥。

① 施工之前要对涂料温度进行控制，使涂料的温度处于 15～35℃；建议施工环境相对湿度大于 75%，环境温度不低于 5℃。

② 水性阻尼涂料在喷涂之前要进行搅拌，使涂料中的填料、纤维均匀分散，达到良好的喷涂效果。

③ 要稀释水性阻尼涂料，需要加入水，但水的加入量不得超过 5%。

④ 调整水性阻尼涂料的喷涂设备，包括压力与压送比，不同设备所具有的压送比不同。

⑤ 喷涂距离影响涂膜的表观效果，进而影响涂料的阻尼效果，因此，要注意控制喷涂距离，喷涂距离与泵的压力成反比。

⑥ 喷涂厚度直接决定了涂料的阻尼效果，喷涂基材的结构外形决定了涂料的喷涂厚度，要根据结构外形计算涂料的喷涂厚度；一般湿膜厚度 2～3mm。

⑦ 干燥条件直接影响涂膜的表观效果，进而影响涂料的阻尼效果。一般情况下，水性阻尼涂料存在最佳的干燥温度，大于或小于此温度，得到的涂膜的损耗因子都会有或多或少的降低，因此，要加强对阻尼涂料干燥温度的控制，对于大多数的水性阻尼涂料来说，温度在 20～40℃条件下最佳，自然干燥时间 16h 以上。

六、阻尼涂料的质量检测

阻尼涂料的应用领域很广，不同应用领域的阻尼涂料对性能的要求也各不相同。现以铁路机车车辆阻尼涂料为例说明阻尼涂料的质量检测。

根据行业标准 TB/T 2932—1998《铁路机车车辆阻尼涂料供货技术条件》的规定，铁路机车车辆阻尼涂料满足如下技术要求：

① 铁路机车车辆用阻尼涂料分为两类产品：A 类阻尼涂料，用于阻尼性能要求较高的内燃机车、电力机车、动车组、发电车、机械冷藏车组中的发电乘务车和地铁车辆等；B 类阻尼涂料，用于阻尼性能要求一般的客车、餐车和冷藏车等。

② A 类阻尼涂料达到表 2-18 中规定的技术要求；B 类阻尼涂料达到表 2-19 中规定的技术要求。

表 2-18　A 类阻尼涂料技术要求

项目	指标
涂料外观及颜色	无结皮和搅不开硬块，颜色符合要求
稠度/cm	8～14
涂膜外观	基本平整，无流挂
干燥时间(实干)/h	≤48
柔韧性/mm	≤50
耐冲击性/cm	≥50
划格实验/级	≤2
耐盐水性(30d)	无起泡、无剥落
耐酸性(H_2SO_4，10%)，24h	无起泡，无软化，不发黏
耐碱性(NaOH，10%)，24h	无起泡，无软化，不发黏
耐热性(100℃±2℃)，4h	无流挂，无起泡，无起皱，无开裂
耐低温冲击性(−40℃±2℃)，4h	不分层，不破裂
储存稳定性/级	≥10
施工性能	可刮涂或高压喷涂，湿膜 3mm 无流挂
耐冷热交替试验(5 周期)	无起泡，不开裂，无脱落
45°角燃烧试验/级	≥难燃级
闪点/℃	≥33
复合损耗因数 η_c	
+20℃	≥0.09
−10℃	≥0.03
+50℃	≥0.03
耐盐雾性(500h)	板面不起泡，不开裂，无锈蚀 划痕处锈蚀扩展不超过 2mm(单向)

注：1. 耐盐雾性仅适用于同时具有防腐蚀功能的阻尼涂料。

2. 耐机油性、耐盐水性、储存稳定性、闪点、复合损耗因数 η_c 和耐盐雾性作为型式检验项目。

3. 如对涂料有隔热要求时，可由供需双方确定热导率指标及测试方法。

表 2-19 B类阻尼涂料技术要求

项目	指标
涂料外观及颜色	无结皮和搅不开硬块，颜色符合要求
稠度/cm	8～14
涂膜外观	基本平整，无流挂
干燥时间(实干)/h	≤48
柔韧性/mm	≤50
耐冲击性/cm	≥50
划格实验/级	≤2
耐机油性(15d)	无过度软化，无起泡、无剥落
耐盐水性(15d)	无起泡、无剥落
耐热性(100℃±2℃)，4h	无流挂，无起泡，无起皱，无开裂
耐低温冲击性(－40℃±2℃)，4h	不分层，不破裂
储存稳定性/级	≥10
施工性能	可刮涂或高压喷涂，湿膜 3mm 无流挂
耐冷热交替试验(5周期)	无起泡，不开裂，无脱落
45°角燃烧试验/级	≥难燃级
闪点/℃	≥33
复合损耗因数 η_c	
＋20℃	≥0.11
－10℃	≥0.05
＋50℃	≥0.05
耐盐雾性(500h)	板面不起泡，不开裂，无锈蚀 划痕处锈蚀扩展不超过 2mm(单向)

注：1. 耐盐雾性仅适用于同时具有防腐蚀功能的阻尼涂料。

2. 耐盐水性、贮存稳定性、闪点、复合损耗因数 η_c 和耐盐雾性作为型式检验项目。

一、涂料配方

涂料配方见表 2-20。

表 2-20 阻尼涂料配方

序号	原料	质量份
1	去离子水	20
2	润湿分散剂	0.8
3	蒙脱土	15
4	碳酸钙	15
5	乙酸乙烯-乙烯共聚乳液	5
6	苯丙乳液	25
7	氢氧化铝	5
8	硼酸锌	5
9	云母粉	25
10	增强纤维	0.1
11	防霉剂	0.2
12	消泡剂	2
13	增稠剂	0.5

二、任务实施步骤

仪器

主要任务:仪器的选择与准备

仪器设备:天平,砂磨分散搅拌多用机 1 台、烧杯(500mL)2 个、量筒(100mL)1 个,药匙、滴管等

原料准备

主要任务:按涂料配方准备原料

去离子水,润湿分散剂,蒙脱土,碳酸钙,乙酸乙烯-乙烯共聚乳液,苯丙乳液,氢氧化铝,硼酸锌,云母粉,增强纤维,防霉剂,消泡剂,增稠剂

涂料制备

主要任务:按操作规程完成涂料制备

开启砂磨分散搅拌多用机,在低速(200～600r/min)下,依次加入去离子水、润湿分散剂,分散均匀后,加入蒙脱土、碳酸钙,制得无机填料水分散浆;提高搅拌转速至中高速(800～2000r/min),加入醋酸乙烯-乙烯共聚乳液、苯丙乳液;依次加入氢氧化铝、硼酸锌;再加入云母粉、增强纤维、防霉剂、消泡剂;最后加入增稠剂调节稠度,搅拌均匀后出料

试件制备

主要任务:按要求将涂料涂覆于标准板表面

在事先准备好的涂有防锈底漆的基板上,采用刮涂或喷涂的方法制备阻尼涂料的涂膜,干膜厚度为 2.0mm±0.2mm,样板在室温下干燥 7d,或者首先在室温下放置 24h,然后在 60℃±2℃ 条件下烘烤 2h,取出后在室温下再放置 16～24h 后进行试验

性能测试

主要任务:关键性能指标检测

按 TB/T 2932—1998《铁路机车车辆阻尼涂料供货技术条件》标准要求测试涂料关键性能指标

归纳总结

1. 仪器、设备需要预先清洗干净并干燥。
2. 加黏稠液体原料时采用减量法。
3. 加粉状固体料时,加料速度要均匀,且避免挂壁。
4. 搅拌分散转速合适,转速太慢分散研磨效果不好,搅拌太快物料易溅出。

综合评价

对于本任务的评价见表 2-21。

表 2-21　阻尼涂料的制备项目评价

序号	评价项目	评价要点	评价等级
1	产品质量①	涂料外观及颜色	
		涂膜外观	
		施工性能	
		复合损耗因数	
2	生产过程控制能力②	是否按操作规程操作	
		是否在规定时间内达到所需细度要求	
		试件制备,涂料涂覆是否均匀	
		试样测试是否规范、准确	

续表

序号	评价项目	评价要点	评价等级
3	事故分析和处理能力③	能否正确分析出现异常事故的原因	
		能否采用适当方法处理异常事故	

①按标准合格 10 分，不合格 0 分。

② 是 10 分，否 0 分。

③能 10 分，不能 0 分。

任务拓展

制备一种速干水性阻尼涂料，参考中国专利 CN102876170A《速干水性阻尼涂料的制备方法》。

参考文献

[1] 关迎东，等．有机高分子阻尼涂料的研究进展．涂料工业，2011，41（9）：73-75.

[2] 一种水性隔音阻尼涂料及其制备方法．CN101891990A.

[3] TB/T 2932—1998 铁路机车车辆阻尼涂料供货技术条件．

[4] 速干水性阻尼涂料的制备方法．CN102876170A.

任务五　抗菌涂料的制备

开发具有抗菌功能的涂料是涂料工业发展的重要方向之一。在涂料中添加一定量适宜的、能稳定存在的抗菌成分，即可制成抗菌涂料。抗菌涂料可直接涂装在各种材料上，使用方便，具备抗菌防霉功能，因而受到广泛关注。

任务介绍

根据配方，制备一种抗菌涂料，将该涂料涂覆于基材表面，赋予材料较好的抗菌性能，要求所制备的涂料关键性能指标达到国家标准要求。

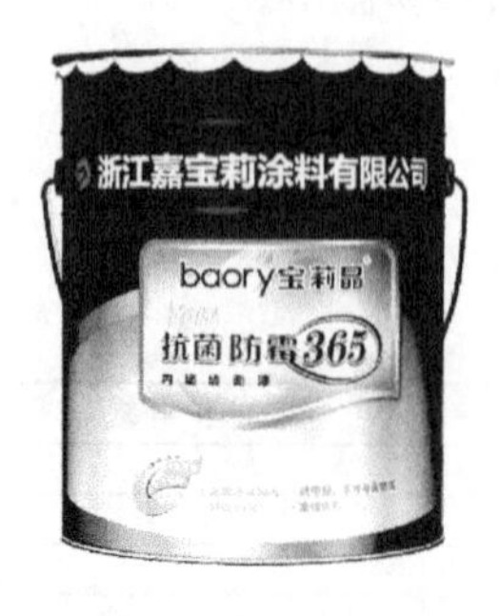

任务分析

通过在涂料的配方中加入抗菌成分，赋予涂料抗菌功能。通过涂料配制，制备出符合国家标准要求的合格的抗菌涂料。

一、抗菌涂料及其作用

抗菌涂料是通过添加具有抗菌功能并能在涂膜中稳定存在的抗菌剂，经一定工艺加工后，制得具有抗菌和杀菌功能的涂料，其既不污染环境，又能长时间保持抗菌和杀菌功效。抗菌是抑菌和杀菌作用的总称。所谓抑菌是指抑制细菌、真菌、霉菌等微生物生长繁殖的作用。所谓杀菌是指杀死细菌、真菌、霉菌等微生物营养体和繁殖体的作用。

环境中微生物分布广泛，对各种材料的破坏无处不在，同时由于微生物的作用引起的各种传染病对人类造成了极大的危害。涂料被微生物污染后，一旦生长条件适宜，微生物就会在涂料中大量生长繁殖，致使涂料体系不稳定，出现涂料体系黏度下降，颜料沉淀，产生气体及 pH 值发生变化等现象。涂料涂饰在基材表面后形成的涂层一旦受到微生物的侵蚀，容易在涂层表面形成菌斑，导致涂层变色或失去黏附能力，严重的会造成涂层的脱落，严重影响涂层的美观整洁及保护功能，从而降低涂料的实用价值。世界上每年都有大量的涂料由于微生物作用而失去实用价值，造成巨大的经济损失，抗菌涂料在环保及经济效益上具有重大的应用价值，并且其可直接涂覆在各种材料的表面，使用方便，因此近年来备受瞩目。抗菌涂料还是实现环境无污染最为简单有效的方法之一。使用物理或化学的方法消毒杀菌，存在气味难闻、药效短、操作复杂、一次投资大等缺陷。使用抗菌涂料，既经济方便，且具有长效作用，又可克服以上缺点，因此其应用领域非常广泛。抗菌涂料既可用于家庭、酒店、医院、幼儿园和养老院等人员活动场所，又可应用于制药、食品加工和发酵车间等特殊生产场所。近年来兴起的抗菌粉末涂料被广泛应用于日用电器、金属家具、卫浴设备、汽车等行业。

二、抗菌涂料的分类

根据不同的分类标准，抗菌涂料通常可以按以下方法进行分类。

1. 根据抗菌剂与涂料基料的结合方式分类

(1) 添加型抗菌涂料

添加型抗菌涂料是通过添加具有抗菌功能并能在涂膜中稳定存在的抗菌剂，经一定的加工工艺制得的具有抗菌功能的涂料。在添加型的抗菌涂料中，抗菌剂作为一种助剂分散于涂料体系中，抗菌剂与涂料基材间不存在化学键连接。该类涂料制备工艺简单，应用范围较广。但由于抗菌剂是以助剂的形式分散于涂料体系中，因此其在涂膜中易迁移、降解、变色等，造成抗菌剂的抗菌性能和装饰能力降低，因此该类涂料应用具有一定的局限性。

(2) 结构型抗菌涂料

结构型抗菌涂料是将具有抗菌性能的基团通过一定的化学反应，以化学键的形式连接在涂料基料的高分子链上，并以含此抗菌基团的高分子基料制得的抗菌涂料。由于抗菌性基团以化学键形式连接在基料上，使涂料的抗菌性更加持久，这从根本上解决了传统添加型抗菌涂料中应用抗菌剂的诸多缺点。

2. 根据所采用的抗菌剂种类的不同分类

涂料采用的抗菌剂主要有天然抗菌剂、有机抗菌剂和无机抗菌剂三大类。对应地可将抗菌涂料分为天然抗菌型涂料、有机抗菌型涂料和无机抗菌型涂料三大类。

（1）天然抗菌型涂料

采用天然抗菌剂为抗菌成分的涂料称为天然抗菌型涂料。采用的天然抗菌剂主要包括天然萃取物、壳聚糖、日柏醇、甲壳素等，它们对霉菌和细菌有很好的抗菌性。它们是植物或动物的一些提取物，因受来源、提取水平、成本等条件限制，其推广应用有一定困难，同时天然抗菌剂存在稳定性差、有色度等问题，因此在涂料应用中受到很大限制，一直没有大量应用于涂料生产中。

（2）有机抗菌型涂料

采用有机抗菌剂为抗菌成分的涂料称为有机抗菌型涂料。低分子有机抗菌剂主要包括季铵盐类、季鏻盐类、双胍类、有机金属、吡啶类、咪唑类、异噻唑啉酮类、苯并异噻唑类、醛类、啉酮类、有机胺类、哌三嗪类等。它们易与细菌和霉菌细胞膜表面的阴离子相结合，或与巯基反应，破坏蛋白质的合成和细胞膜系统，从而抑制细菌和霉菌的繁殖。但是，它们虽然具有抗变色能力强、短期抑菌效果明显等特点，但耐久性和耐温性较差，在紫外光照射下易分解，使用寿命短，有的还有毒副作用，因此在抗菌涂料中的应用也受到了一定的限制。目前广泛研究和使用的有机表面活性抗菌剂是含氮阳离子化合物，由于其小分子存在毒性，目前人们主要通过将抗菌剂单体化合物聚合或将抗菌剂分子固定在高分子载体上制成聚合物抗菌剂，尤其是水不溶性聚合物抗菌剂解决该问题。小分子的毒性问题使聚氮阳离子型抗菌剂的开发成为当前的研究热点，其中不溶性聚氮阳离子型抗菌剂的抗菌性好，并具有缓释、长效、低毒、安全等特点，已引起人们的普遍关注。在含氮阳离子表面活性剂的抗菌剂中，季铵盐型抗菌剂已被广泛应用于抗菌涂料中。季鏻盐也是涂料用抗菌剂研究的发展方向之一，这类化合物与季铵盐具有相似的结构，只是使用鏻阳离子代替氮阳离子。研究发现带有长烷基链的聚季鏻盐较聚季铵盐具有更佳的抗菌性能，但要实现在抗菌涂料中的工业化应用还需进一步研究。为了改善添加了有机抗菌剂的涂料的性能，降低其对环境、人畜的刺激和毒害，研制具有缓释、高效、低毒、安全性高的有机抗菌剂是今后研究和发展的重点。

（3）无机抗菌型涂料

采用无机抗菌剂为抗菌成分的涂料称为无机抗菌型涂料。无机抗菌剂是含有抗菌性的金属离子如汞、银、铜、铬、锌及其化合物与无机载体结合的制剂。这些抗菌金属离子从载体中缓慢释放，长期有效地杀灭依附在其表面的有害细菌。无机抗菌剂抗菌效果好、性能稳定、安全性高，已成为抗菌剂研究的主流。涂料中应用广泛的无机抗菌剂主要有：无机银系抗菌剂、TiO_2系列光催化剂抗菌剂、氧化锌系复合抗菌剂及其他无机纳米抗菌剂等。活性氧二价银离子对革兰氏阴、阳性细菌，霉菌，酵母菌均有抑制和杀灭作用。银系抗菌剂具有安全性较高、抗菌持续性好、适用菌种广等优点，被研究开发人员广泛应用，但银系抗菌剂中银离子易转变成棕色的氧化银或经紫外线催化还原成黑色单质银，不仅降低了涂料抗菌性，而且还限制了其在白色或浅色涂料中的应用。另外大量使用贵金属银，使抗菌涂料成本偏高，制约了其在更大范围内的应用，因此氧化物型抗菌剂将成为涂料用抗菌剂研究的热点。有代表性的是利用离子共渗、共生技术研制的具有优异抗菌性能的新型氧化锌复合抗菌剂，其氧化锌针尖具有纳米粒子特有的表面界面效应。由于纳米端的表面原子数量远多于传统粒子，表面原子由于缺少邻近的配位原子而具有很高的能量，可增强氧化锌与细菌的亲和力，提高抗菌效率，在抗菌涂料中具有很好的应用前景。

三、抗菌涂料的抗菌原理

抗菌涂料是通过其配方中所采用的抗菌剂发挥抗菌功能，不同类型的抗菌剂抗菌机理不同。

1. 无机抗菌剂的抗菌机理

目前对无机金属离子抗菌的机理主要有以下两种解释。

（1）缓释接触反应机理

负载在缓释性载体上的金属离子逐渐释放，游离到基体材料的表面，带正电荷的金属离子接触带负电荷的微生物细胞膜时，二者依靠库仑引力牢固地吸附在一起，金属离子穿透细胞壁进入细胞内，与有机物的硫代基、羧基、羟基发生反应，使蛋白质凝固，破坏细胞合成酶的活性，细胞因丧失分裂增殖能力而死亡；同时微生物的电子传输系统、呼吸系统、物质传送系统等也遭到破坏。添加到涂料中的无机金属离子抗菌剂能在低浓度下发挥持久的抗菌效果。银系抗菌剂的抗菌机理属于此类。

（2）活性氧催化反应机理

加入抗菌剂后，材料表面分布着微量的金属元素，能起到催化活性中心的作用。该活性中心能吸收环境的能量，激活吸附在材料表面的空气或水中的氧，产生羟基自由基和活性氧离子。这些羟基自由基和活性氧离子具有很强的氧化还原能力，能破坏细胞的增殖能力，抑制或杀灭细菌，产生抗菌性能。如可以破坏细菌的DNA双螺旋结构，从而破坏微生物细胞的DNA复制，使新陈代谢紊乱，起到抑制或杀灭细菌的作用。氧化物型抗菌剂的抗菌机理就属于此类。氧化物型抗菌剂是具有光催化作用的物质，主要包括纳米 TiO_2 和纳米 ZnO 等，它们通过对光线的吸收，利用光催化作用产生大量的羟基自由基和氧自由基，而这两种自由基都具有很强的化学活性，能使各种微生物发生有机物质氧化反应，从而对与涂膜接触的微生物具有抑制和杀灭作用。由于纳米粒子本身没有参与反应，故没有任何损失，因此添加这类抗菌剂的涂料具有长效的抗菌作用。

2. 有机抗菌剂的抗菌机理

有机抗菌剂的品种繁多，各种微生物的菌体也各不相同，其作用机理也各不相同。一般认为有机抗菌剂的作用机理可归纳为三个方面：一是作用于细胞壁和细胞膜系统；二是作用于生化反应酶或其他活性物质；三是作用于遗传物质或遗传微粒结构。有机抗菌剂一般可通过如下途径发生作用：

① 降低或消除微生物细胞内各种代谢酶的活性，阻碍微生物的呼吸作用。

② 抑制孢子发芽时孢子的膨润，阻碍核糖核酸的合成，破坏孢子的发芽。这一机理对抑制产生孢子的微生物具有重要意义，尤其是对抑制霉菌生长和繁殖。

③ 加速磷酸氧化体系，破坏细胞的正常生理机能。

④ 阻碍微生物的生物合成，干扰微生物生长和维持生命所需物质的产生过程。

⑤ 破坏细胞壁的合成。

四、抗菌涂料的性能

抗菌涂料的品种多样，主要有合成树脂乳液型水性涂料、聚氨酯溶剂型涂料、硝基溶剂型涂料、环氧树脂溶剂型涂料、氟碳涂料等。不同种类的抗菌涂料除满足相应类型涂料的基本功能外，还要具备良好的抗菌、防霉及抗菌耐久性能。

1. 选择使用抗菌涂料的要求

抗菌涂料的选择必须考虑其抗菌效率、毒性以及对环境污染问题。要使抗菌涂料长效、广谱、安全无毒，颜色稳定性好，抗菌剂必须满足以下几点：

① 要求有广谱的抗微生物活性、药效高、活性长久、对各种霉菌细菌有广泛的致死或抑制作用，且使用浓度要低；

② 安全性大、对人体无毒或低毒；

③ 不与其组成起化学变化，成膜后不影响其物理、化学性能；

④ 挥发性低，在涂料中相容性好，容易分散，而在水中不溶或难溶；

⑤ 具有耐紫外线、耐热、抗氧等性能；

⑥ 对金属或各种材料不腐蚀、不产生点蚀；

⑦ 耐热性好，颜色稳定性好；

⑧ 加工方便，成本低，使用方便。

2. 制备抗菌涂料需满足的条件

以合成树脂乳液型水性涂料（乳胶漆）为例，制备抗菌涂料时要满足如下条件：

① 抗菌剂要与涂料中各种组分有良好的相容性，加入后不会引起颜色、气味、稳定性等方面的变化。

② 在 pH 值为 6～10 范围内稳定。

③ 适宜在 40℃长时间储存，并在短时间内能经受 60～70℃加工温度。

④ 因为包装桶容量较小并且密封性较差，涂料顶层与桶顶之间存在较大空间，可能导致二次污染，因此理想的抗菌剂应有气相杀菌功能。

⑤ 抗菌剂要求有良好的水溶性，这样可以保证其与微生物更好接触，更快达到杀菌效果。

⑥ 要求杀菌谱广，对在弱碱性条件下滋生的大多数霉菌、细菌有良好的杀灭效果。

⑦ 抗菌剂要求有良好的生物降解性和较低的毒性，对操作人员的刺激性小。

⑧ 使用方便，价格适宜。

⑨ 应同时使用罐内防腐剂和干膜杀菌剂。罐内防腐剂一般只能抑制细菌和霉菌的生长，对藻类无效；而干膜杀菌剂只能杀死霉菌和藻类，对细菌和真菌不起作用，故两者应配合使用，才能自始至终达到抗菌的效果。

⑩ 单独一种抗菌剂不能同时满足上述所有要求时，可采用不同性质抗菌剂进行复配。复配时，应考虑不同抗菌剂间的匹配、微生物抗性及环境安全等问题。

五、抗菌涂料的施工

抗菌涂料是否能够发挥良好的抗菌性能与涂料的施工工艺密切相关。因施工不当造成的涂装失败、抗菌防霉功能不良的情况常有发生。因此严格执行涂料施工操作规程十分必要，这是保证抗菌涂料实现抗菌防霉长效性的关键。

抗菌涂料的施工一般包括基材的防霉处理、涂装作业两部分。以抗菌内墙涂料施工为例，对被施工墙体的基层要求除了必须保持干燥、洁净、坚实、平整外，还必须进行除霉菌处理，以确保施工前墙体基层无霉菌存在。墙体表面存在霉菌时，会在涂料中迅速蔓延，影响抗菌防霉效果，因此发现或疑似霉菌存在时，应该做好除霉菌处理。采用喷洒消毒剂或防霉洗液的方式，可在短时间内使墙体表面的霉菌彻底除去，对霉菌较多的表面可先用含洗涤剂的热水洗刷，然后用防霉液处理，达到良好清除霉菌的目的。对墙体表面基层进行最后一表面处理并干燥 24h 后，可以进行抗菌涂料的涂装，其涂装方式与一般建筑涂料的施工要求相同，可采用滚刷、喷涂等方式。

此外，为了使抗菌涂料的长效、广谱、低毒、环保等功能更好地发挥，延长重新涂刷周期、降低能耗，要加强日常养护。

六、抗菌涂料的质量检测

作为功能性涂料，抗菌涂料的抗细菌性能、抗霉菌性能和抗菌耐久性是检测的关键性能指标。从微生物学角度讲，细菌是以群体数目的增长作为生长标志的，因此抗菌涂料的抗细菌性能评价应以细菌数目的减少即定量测定抑菌率来表征。霉菌形成的菌落，开始的时候颜色很淡，随着菌丝不断扩展蔓延，颜色逐渐加深，它们的形状有的像绒毯，有的像棉絮、蜘蛛网，菌丝长几毫米，肉眼往往也能看得见，因此，评价抗菌涂料对霉菌的作用通过观察长霉面积即可，评价方法较成熟。在抗菌涂料产品进入市场前，还要考虑抗菌涂料在使用一段时间后是否还具有抗菌效果，因此还要对抗菌涂料的抗菌耐久性进行考察。为了在不破坏涂料本身性能的条件下评价抗菌持久性，选择用紫外光照射处理样品来评价抗菌持久性。

根据化工行业标准 HG/T 3950—2007《抗菌涂料》的规定，建筑和木器用涂料满足如下技术要求。

1. 抗菌涂料的常规性能

应符合相关产品标准规定的技术要求。

2. 抗菌涂料的有害物质限量

合成树脂乳液水性内用抗菌涂料符合 GB 18582 中的技术要求的规定，溶剂型木器抗菌涂料应符合 GB 18581 中对技术要求的规定。

3. 抗菌涂料的抗菌性能

应符合表 2-22 和表 2-23 的规定。

表 2-22　抗细菌性能

项目名称		抗细菌率/%	
		Ⅰ	Ⅱ
抗细菌性能	≥	99	90
抗细菌耐久性能	≥	95	85

表 2-23 抗霉菌性能

项目名称	长霉等级	
	Ⅰ	Ⅱ
抗霉菌性能	0	1
抗细霉菌耐久性能	0	1

抗细菌性能和抗霉菌性能 4 项指标均达到Ⅰ级时，该抗菌涂料样品可判为Ⅰ级，其中有一项不符合即判定为Ⅱ级。抗菌性能和抗霉菌性能 4 个项目的检验均达到本标准要求时，该产品为符合本标准要求。如有一项检验结果未达到标准要求时，应对保存样品进行复检，如复检结果仍未达到标准要求时，该产品不符合本标准要求。

4. 抗菌性能试验方法简介

按标准 GB/T 21866—2008《抗菌涂料（漆膜）抗菌性测定法和抗菌效果》的规定，测试方法如下。

（1）抗细菌性能试验方法

通过定量接种细菌于待检验样板上，用贴膜的方法使细菌均匀接触样板，经过一定时间(24～48h)的培养后，检测样板中的活菌数，并计算出样板的抗细菌率。抗细菌率计算公式：

$$R=\frac{B-C}{B}\times 100\%$$

式中 R——抗细菌率，%，数值取三位有效数字；

B——空白对照样 24h 后平均回收菌数，cfu/片；

C——抗菌涂料样 24h 后平均回收菌数，cfu/片。

（2）抗霉菌性能试验方法

将一定量的孢子悬液喷在待测样品和培养基上，通过直接观测长霉程度来评价抗菌涂料的长霉等级。将空白对照样品 A、抗菌涂料试板 B 分别铺在培养基上，喷孢子悬液，使其充分均匀地喷在培养基和样品上，每个样品做 5 个平行试验。样品在温度 28℃，相对湿度 90%RH 以上的条件下培养 28d，取出样品立即进行观察，空白对照样品 A 长霉面积应不小于 10%，否则不能作为该试验的空白对照样品。每种样品 5 个平行中以 3 个以上同等级的定为该样品的长霉等级。

样品长霉等级：

0 级：不长，即在显微镜（放大 50 倍）下观察，未见生长；

1 级：痕迹生长，即肉眼可见生长，但生长覆盖面积小于 10%；

2 级：生长覆盖面积大于 10%。

（3）抗菌耐久性能试验方法

采用 1 支 30 W、波长为 253.7 nm 的紫外灯，紫外灯符合 GB 19258，抗菌涂料试板距离紫外灯 0.8～1.0m 照射 100h，经处理后的试板抗菌耐久性能按上述（1）、（2）方法测试。

任务实施

一、涂料配方

抗菌涂料配方见表 2-24。

表 2-24　抗菌涂料配方

序号	原料	质量分数/%
1	去离子水	26.5
2	杀菌剂	0.2
3	分散剂	0.5
4	润湿剂	0.1
5	消泡剂	0.5
6	流平剂	0.5
7	抗冻剂	2.0
8	颜料	17.0
9	填料	23.0
10	成膜助剂	2.0
11	丙烯酸酯乳液	25.0
12	pH 调节剂	适量
13	防霉剂	1.0
14	增稠剂	1.5

二、任务实施步骤

仪器准备

主要任务:仪器的选择与准备

仪器设备:天平,砂磨分散搅拌多用机 1 台、烧杯(500mL)2 个、量筒(100mL)1 个,试板,药匙、滴管等。

公用设备:刮板细度计、斯托默黏度计

原料准备

主要任务:按涂料配方准备原料

去离子水,杀菌剂,分散剂,润湿剂,消泡剂,流平剂,抗冻剂,颜料,填料,成膜助剂,丙烯酸酯乳液,pH 调节剂,防霉剂,增稠剂

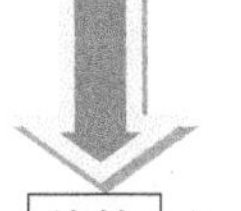

涂料制备

主要任务:按操作规程完成涂料制备

开启砂磨分散搅拌多用机,在低速(200 ~ 600r/min)下,依次加入去离子水、杀菌剂、分散剂、润湿剂、抗冻剂、消泡剂,分散均匀后,加入颜料、填料;提高搅拌转速至中高速(800 ~ 2000r/min),使细度 ≤ 45μm,;在中低速(400 ~ 800r/mn)搅拌下,逐渐加入成膜助剂、丙烯酸酯乳胶漆,用 pH 调节剂调整乳液 pH 值为 8.3±0.2,加入防霉剂搅匀,并用增稠剂调整乳胶漆的黏度至 90KU,出料

试件制备

主要任务:按要求将涂料涂覆于标准板表面

用线棒涂布器将涂料均匀涂于试板上,两次涂刷,第一遍表干后涂刷第二遍,涂膜厚度为湿膜小于 100μm,干燥 7d 后,用于抗菌性能测试

性能测试

主要任务:关键性能指标检测

按 HG/T 3950—2007《抗菌涂料》标准要求测试涂料关键性能指标

归纳总结

1. 仪器、设备需要预先清洗干净并干燥。

2. 加黏稠液体原料时采用减量法。

3. 加粉状固体料时，加料速度要均匀，且避免挂壁。

4. 搅拌分散转速合适，转速太慢分散研磨效果不好，搅拌太快物料易溅出。

综合评价

对于任务的评价见表 2-25。

表 2-25 抗菌涂料的制备项目评价

序号	评价项目	评价要点	评价等级
1	产品质量①	在容器中的状态	
		细度/μm	
		抗细菌性能	
		抗霉菌性能	
2	生产过程控制能力②	是否按操作规程操作	
		是否在规定时间内达到所需细度要求	
		试件制备，涂料涂覆是否均匀	
		试样测试是否规范、准确	
3	事故分析和处理能力③	能否正确分析出现异常事故的原因	
		能否采用适当方法处理异常事故	

①按标准合格 10 分，不合格 0 分。

②是 10 分，否 0 分。

③能 10 分，不能 0 分。

任务拓展

采用无机纳米抗菌剂作为抗菌成分制备抗菌防霉涂料，参考中国专利 CN1552774A《抗菌防霉涂料及其制备方法》。

参考文献

[1] 邵青等．抗菌涂料研究新进展．材料导报，2008，22（3）：60-62，71.

[2] 环保型长效防霉涂料及其制备方法．CN101210143A.

[3] HG/T 3950—2007 抗菌涂料．

[4] GB/T 21866—2008 抗菌涂料（漆膜）抗菌性测定法和抗菌效果．

[5] 抗菌防霉涂料及其制备方法．CN1552774A.

任务六 防腐蚀涂料的制备

防腐蚀涂料是一种能够避免酸、碱及各种物质对材料腐蚀的涂料。它的耐腐蚀性优于一般涂料，涂层维修方便，耐久性好，能在常温下固化成膜。防腐涂料有环氧树脂涂料、聚氨酯涂料、需乙烯树脂类防腐涂料、橡胶树脂防腐涂料等品种。

任务介绍

根据配方，制备一种环氧沥青防腐蚀涂料，将该涂料涂覆于基材表面，赋予材料较好的防腐蚀性能。要求所制备的涂料关键性能指标达到国家标准要求。

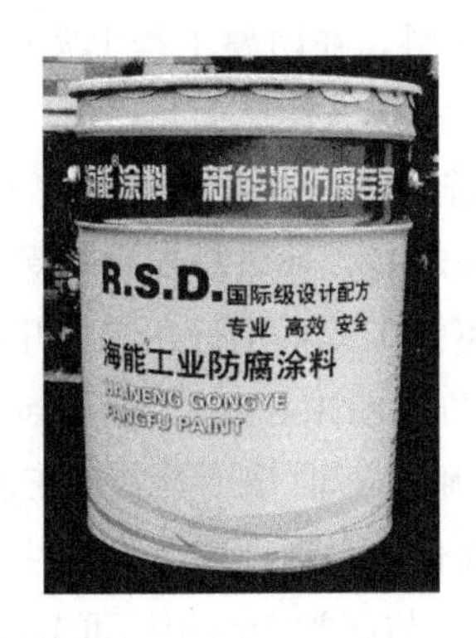

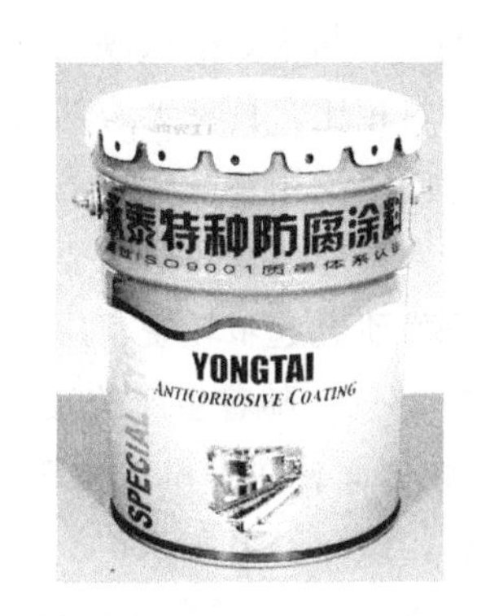

任务分析

通过在涂料的配方中加入防腐蚀组分，使涂料具有防腐蚀功能。通过涂料配制，制备出符合国家标准要求的合格的防腐蚀涂料。

相关知识

一、防腐蚀涂料概述及其作用

调查表明，美国在1975年因金属材料腐蚀而受到的经济损失约为700亿美元。当年美国的国民生产总值为16770亿美元，一年中金属腐蚀所造成的经济损失约占当年GDP的4.2%。

1999年光明日报报道我国每年的腐蚀损失是2800亿元，其中石化系统的损失（不含事故损失）为400亿元，按照国民生产总值4%的损失量计算，我国每年将有近4000亿元的腐蚀损失。金属材料腐蚀造成的损失是巨大的，而无论现在乃至将来，金属材料以其优良的机械性能和工艺性能仍将在材料领域占有重要地位，因此研究金属材料的腐蚀防护方法以控制金属的腐蚀，从而减少腐蚀造成的损失，对国民经济发展具有重要意义。

在各种防腐技术中，涂料防腐蚀技术应用最广泛，因为它具有许多独特的优越性。首先它施工简便，适应性广，不受设备面积、形状的约束，重涂和修复方面费用低；其次是涂料防腐可与其他防腐蚀措施联合使用（如阴极保护等），从而可获得较完善的防腐系统。涂料的最大缺陷是不能抵御强烈腐蚀介质，强度低。但是只要涂料品种配套体系选择恰当，涂料防腐仍然是一种最简便、最有效、最经济的防腐蚀措施。在防腐工程中，涂料不但用于设备的外表，也广泛地应用在设备内表面。据日本腐蚀和防腐蚀协会调查表明，在涂料、金属表面处理耐腐蚀材料、防锈油、缓蚀剂、电化学保护、腐蚀研究等七大防腐技术投资中，涂料防腐蚀投资的经费占62.5%，由此可见涂料防腐的重要地位和研究开发的活跃程度。

二、防腐蚀涂料的分类

随着国外在环境保护上的重视，涂料的发展以无污染、无公害、节省能源、经济高效为原则，发展迅速的是无公害或少公害的涂料产品及防腐性能优异的品种。总结起来主要有以下几方面。

（1）粉末涂料

这是一类不含溶剂、以粉末熔融成膜的新型涂料，在防腐工程上常用的是环氧粉末涂料。它与传统溶剂型防腐涂料相比，具有无溶剂污染、涂覆方便、固化迅速、性能优异等优点，国外自20世纪60年代起就广泛用于化工、石油管道防腐，进入90年代，随着化工、石油化工行业的发展，对管子特别是埋地管的防腐要求越来越高，环氧粉末涂料受到了更多的重视。

我国粉末涂料的开发研究起步较晚，用于防腐蚀工程只是近几年才开始的，而且使用量比较少，只占粉末涂料的20%，随着生产的发展，防腐粉末涂料的应用会更加广泛。例如我国自行研制的HFP系列快速固化防腐粉末涂料，适用于石油化工及其他工程的管道内外防腐和金属设备、构件的防腐，该涂料可在200℃，3h固化，物理性能、耐蚀性能优异，主要性能指标已达到美国3M公司206N粉末涂料的性能指标，与同类产品相比可节能14%以上。

(2) 富锌涂料

它是一种含有大量活性颜料——锌粉的涂料，其干膜锌粉含量在85%～95%之间，涂膜仅厚100μm，成本低，性能优异，常用作底漆使用。有机富锌涂料采用的漆基为氯化橡胶、环氧树脂、聚苯乙烯、聚氨酯、环氧-聚酰胺等，无机富锌涂料采用的基料为碱性硅酸盐、烷基硅酸酯等，都具有较好的耐蚀性、耐水性和耐磨性，在化工、石油行业中经常采用，效果良好。

(3) 含氟涂料

如美国的GSC-CS系统是一种新型氟树脂涂料，比通用涂料寿命高3倍，耐各种化学介质，使用温度为260℃，可作容器、槽罐、搅拌设备和辅助设备内表面涂料。

我国的氟树脂涂料也有很大的发展，其中聚三氟乙烯能耐强酸、强碱，常温下耐绝大多数的有机溶剂，化工厂储存98%的H_2SO_4碳钢储罐使用聚三氟乙烯树脂作涂料，在常温常压下使用，效果良好。YJF氟橡胶重防腐涂料，是国内首次研制成功的，可作为防腐蚀衬里材料的替代产品，它解决了强腐蚀与高温环境并存的腐蚀难题，能在230℃以下长期工作，在－40℃时仍有弹性，能耐强酸、强碱、强溶剂、盐、石油产品、烃类等介质的腐蚀，此涂料采用冷涂，自然硫化工艺简单，质量易保证，维修简便，具有显著的防腐蚀效果和经济效益。

(4) 鳞片涂料

由玻璃磷片和耐腐蚀热固性树脂构成，具有优越的防腐性能和防渗透性。如国外将玻璃鳞片聚酯和乙烯基涂料用于烟道气脱硫装置，效果良好，还可用于设备接缝的密封材料。日本专利介绍了一种含片状不锈钢粉末的环氧树脂涂料，涂覆在金属表面，涂层的耐久性达三年之久，优于其他涂料。

我国的玻璃鳞片涂料研究发展很快，应用也日益广泛，由中国石油天然气总公司管道科学研究院开发研制的GH-8和GHL-9玻璃鳞片涂料，主要用于原油贮罐、成品油罐、地下管道和化工设备的防腐。如GH-8型玻璃鳞片涂料用于化工厂氯乙烯转化品内壁防腐，在60℃浓HCl介质中使用，效果良好，GH-8用于盐酸贮罐内壁，HCl浓度32%，常温使用效果良好。玻璃鳞片树脂还经常应用于容器密封和设备修补上。如化工厂用玻璃鳞片填充耐腐蚀树脂复合材料修补搪玻璃设备，效果良好。

(5) 导电涂料

有些设备既要防腐蚀又要防静电，如汽油油罐。国外的导电涂料研究非常活跃，日本、美国许多公司生产此种涂料。导电涂料研究的主要方向是开发高导电性、低成本的新型导电填料，以降低成本。防腐蚀涂料的应用十分广泛，为提高其使用寿命和应用范围，国外的涂料研究与应用主要集中在两方面：材料和施工方法。据统计，涂层腐蚀破坏，属基体处理不当者占总数的 75%，因此研究开发新材料和加强施工质量管理同等重要。

（6）带锈和防锈底漆

我国此类漆的品种较多，因为钢铁除锈后很易返锈，大型设备除锈不彻底等，都会严重影响涂层的耐蚀性能，而防锈和带锈底漆就能有效地解决这个问题，提高涂层与钢铁的黏结力。而此类漆通常不能代替喷砂，酸洗等除锈方法，仅适用于除锈后的钢铁表面。

我国涂料工业开创至今已有近 90 年，生产了大量的防腐涂料并收到了较好的效果，但较之国外先进水平尚存在很大差距。因此，目前除了要不断开发新的涂料品种之外，还要开发相关的涂料应用技术，以保证被保护的设备和涂层具有最佳效果。

三、防腐蚀涂料的防腐蚀原理

目前金属腐蚀的类型按机理主要为化学腐蚀、电化学腐蚀和物理腐蚀 3 种：

1. 化学腐蚀

化学腐蚀是指金属表面与非电解质直接发生纯化学作用而引起的破坏。其反应的特点是金属表面的原子与非电解质中的氧化剂直接发生氧化还原反应，形成腐蚀产物。

腐蚀过程中电子的传递是在金属与氧化剂之间直接进行的，因而对外不表现出有电流的产生。纯化学腐蚀的情况并不多，主要为金属在无水的有机液体和气体中腐蚀以及在干燥气体中的腐蚀。

2. 电化学腐蚀

电化学腐蚀是指金属表面与离子导电介质（电解质）发生电化学反应而引起的破坏。任何以电化学机理进行的腐蚀反应至少包含有一个阳极反应和一个阴极反应，并以流过金属内部的电子流和介质中的离子流形成回路。阳极反应是氧化过程，即金属离子从金属转移到介质中并放出电子，阴极反应为还原过程，即介质中的氧化剂组分吸收来自阳极的电子的过程。例如，碳钢在酸中腐蚀时，在阳极区铁被氧化为 Fe^{2+}，所放出的电子由阳极（Fe）流至钢中的阴极（Fe_3C）上，被 H^+ 吸收而还原成氢气。

可见，与化学腐蚀不同，电化学腐蚀的特点在于，它的腐蚀历程可分为两个相对独立并可同步进行的过程。由于在被腐蚀的金属表面上存在着在空间或时间上分开的阳极区和阴极区，腐蚀反应过程中电子的传递可通过金属从阳极区流向阴极区，其结果必有电流产生。这种因电化学腐蚀而产生的电流与反应物质的转移可通过法拉第定律定量地联系起来。

由此可见，金属的电化学腐蚀实质上是短路的电偶电池作用的结果。这种原电池称为腐蚀电池。电化学腐蚀是最普遍、最常见的腐蚀。金属在大气、海水、土壤和各种电解质溶液中的腐蚀都属电化学腐蚀。

3. 物理腐蚀

物理腐蚀是指金属由于单纯的物理溶解作用而引起的破坏。熔融金属中的腐蚀就是固态金属与熔融态金属（如铅、锌、钠、汞等）相接触引起的金属溶解或开裂。这种腐蚀不是由于化学反应，而是由于物理溶解作用形成合金或液态金属渗入晶界造成的。

四、防腐蚀涂料的性能

防腐涂料是涂料中的一类品种，因此除具备涂料的基本物理、力学性能外，还应该具备下列基本条件：

① 高耐蚀性，即不被腐蚀介质溶胀、溶解、破坏或分解并处于稳定状态；

② 高耐候性，即适应户外环境温度的变化和具有较好的抗紫外光能力；

③ 高耐久性，即涂层使用寿命要长；

④ 涂膜层较厚以使涂层的透气性和渗水性小。

五、防腐蚀涂料的施工

防腐蚀涂料的施工是使涂料在被保护物件表面形成所需要的涂膜的过程，防腐蚀涂料对被保护基材表面的装饰、保护以及功能性作用是以其在物件表面所形成的涂膜来体现的。

涂膜的质量直接影响被保护基材的装饰效果和使用价值，而涂膜的质量取决于涂料和施工的质量。防腐蚀涂料性能的优劣通常用涂膜性能的优劣来评定，劣质的防腐蚀涂料或涂料品种选用不当就不能得到优质的涂膜。优质的防腐蚀涂料如果施工不当、操作失误也不能得到性能优异的涂膜和达到预期理想的装饰和防腐蚀保护效果。正确的防腐蚀涂料施工可以使涂料的性能在涂膜上充分体现，反之则不能使防腐蚀涂料的良好性能发挥出来。

1. 表面处理质量要求

被保护物件底材的表面处理是涂料施工的基础工序。它的目的是为被保护物件表面即底材和涂膜的黏结创造一个良好的条件，同时还能提高和改善涂膜的性能。例如普通钢材以喷砂法进行除锈处理，除尽铁锈、氧化皮等杂物。表面处理质量控制应达到GB/T 8923.1—2011《涂覆涂料前钢材表面处理　表面清洁度的目视评定　第1部分：未涂覆过的钢材表面和全面清除原有涂层后的钢材表面的锈蚀等级和处理等级》标准规定的Sa2½，表面粗糙度35～75μm，喷砂后将灰尘除尽。固定部位可采用手工除锈，严格参照以上标准。在防腐蚀涂料施工中表面处理的技术特别受重视，它是整个涂装工艺取得良好效果的基础和关键的一个环节。

涂料实际用量由施工单位的经验、施工水平、施工场所等条件决定，由施工单位进行估算，为理论用量的1.5～1.8倍。3个月之内涂膜表面会出现锌盐，在施工下道漆时，须将涂膜表面的锌盐除尽，用干布或砂纸打磨一下即可。如超过涂装间隔时，应将涂膜表面以砂纸打毛后才能进行后道漆的涂装，以增强涂膜的层间附着力。

2. 涂装环境条件

涂装环境对涂膜的质量有很大的影响，为保证涂装质量，对涂装环境提出如下要求：

① 不能在烈日曝晒和有雨、雾、雪的天气进行露天涂装作业，相对湿度大于85%不宜施工，底材温度须高于露点以上3℃方可进行施工。

② 夏季阳光直射、底材温度大于60℃以上时不能施工。冬季气温低于－5℃时，不宜在室外施工。

③ 涂装过程及漆膜干燥过程中有粉尘飞扬时不能施工。

3. 涂料的调配

① 首先核对涂料的种类、名称是否符合使用规定。

② 涂料开桶后要进行充分搅拌，使沉淀混合均匀。

③ 双组分型涂料，必须根据说明书规定的配比、工程用量、允许的施工时间，在现场调配，用多少配多少。

如一种环氧富锌防腐涂料的调配，甲乙混合比例为：甲组分∶乙组分＝4∶1（质量比）；方法：将乙组分加入甲组分的大桶内，搅拌均匀放置 20min 熟化后才能使用。

4. 施工方法

① 可采用无气高压喷涂方法或滚涂方法，也可采用手工刷涂或空气喷涂的施工方法。

② 为保证焊接、边角、棱角等处的漆膜厚度，在进行大面积涂装之前，应先用漆刷预涂一道。

③ 在进行涂装时，操作人员应随时以湿膜测厚仪测定湿膜厚度，以控制漆膜厚度。

④ 涂装时应采用先上下后左右或先左右后上下的纵横涂装方法，使漆膜光滑平整、厚度均匀。

⑤ 在施工前请参阅说明书中的施工参数以便掌握施工要领，也可选用各品种的自身底、中漆配套。要求各行业不同环境选用不同品种涂料。

⑥ 在成本高一些的情况下，可采用 ZH 聚酯改性面漆或聚氨酯面漆代替氯化橡胶面漆，防腐效果更佳。特殊部分采用氟树脂涂料防腐效果可达 15～20 年。

5. 损伤处的修补

如涂膜在涂装过程中受到机械损伤，已损坏到底层涂膜并出现局部锈蚀时，应以手动或电动工具打磨处理至 GB/T　8923.1—2011 标准规定的 St2～St3 级，才能进行 H06 环氧富锌防锈底漆和各道配套涂料的修补。

6. 其他

涂料应存放在通风、透气、防火处，远离火种。使用各种涂料时应注意产品的保质期，过保质期应进行复检后，才能涂刷。涂料施工结束时，应及时盖好漆桶，并应用相应的稀料洗手及洗刷工具。

六、防腐蚀涂料的质量检测

按标准 GB/T 27806—2011《环氧沥青防腐涂料》规定的技术指标如表 2-26 所示。

表 2-26　防腐蚀涂料的技术指标

序号	检验项目	标准要求技术指标	
		普通型	厚浆型
1	在容器中的状态	搅拌后均匀无硬块	
2	流挂性/μm	—	≥400
3	不挥发物含量/%	≥65	
4	适用期①(3h)	通过	
5	施工性	施涂无障碍	
6	干燥时间/h	≤24	
7	漆膜外观	正常	
8	弯曲试验/mm	≤8	≤10
9	耐冲击性/cm	≥40	
10	冷热交替试验(三次循环)	无异常	
11	耐水性(30d)	无异常	
12	耐盐水性(浸入 3%NaCl 溶液中 168h)	无异常	
13	耐碱性②(浸入 5%NaOH 溶液中 168h)	无异常	
14	耐酸性②(浸入 5%H_2SO_4溶液中 168h)	无异常	
15	耐挥发油性(浸入 3 号普通型涂料及清洁用溶剂油中 48h)	无异常	
16	耐湿热型(120h)	无异常	
17	耐盐雾型(120h)	无异常	

①不挥发物含量大于 95%的产品除外。

②含铝粉的产品除外。

任务实施

一、涂料配方

防腐蚀涂料配方见表 2-27。

表 2-27 防腐蚀涂料配方

序号	原料	质量份/份
1	改性沥青乳液	40～48
2	环氧树脂乳液	45～50
3	固化剂乳液	33～38
4	填料	20～30
5	助剂	3～5
6	水	8～10

二、任务实施步骤

仪器准备

主要任务:仪器的选择与准备

仪器设备:砂磨分散搅拌多用机 1 台,烧杯(500mL)6 个,量筒(100mL)1 个,搅拌棒,取样器,脱脂棉球,马口铁板[50mm × 120mm × (0.2 ～ 0.3)mm]1 个,干燥箱,漆膜制备器,秒表,支架 3 个,喷砂钢板(150mm × 100mm × 3mm)6 个,调温调湿箱

原料准备

主要任务:按涂料配方准备原料

改性沥青乳液,环氧树脂乳液,固化剂乳液,填料,助剂,水

涂料制备

主要任务:按操作规程完成涂料制备

基质沥青 55 份、丁苯胶乳(25% 丁苯橡胶)2 份、十八烷基双季铵碱 0.5 份、水 30.2 份,经乳化机混合乳化、消泡,制得改性沥青乳液。

在高速分散机转速至少为 1200r/min 的高速分散条件下,将 3 份聚羧酸钠盐型分散剂 SN-5040 加入到 8 份水中,然后将 20 份沉淀硫酸钡加入到分散有聚羧酸钠盐型分散剂 SN-5040 的水中,沉淀硫酸钡分散均匀,制得浆料备用。

将 40 份改性沥青乳液加入到 45 份环氧树脂(50% 环氧树脂) 乳液中,进行搅拌,混合均匀,将上述步骤制得的浆液加入到其中,搅拌均匀,静止放置自动消泡,制得混合液备用。

将 33 份固化剂乳液(50% 三乙醇胺) 加入到上述混合液中,搅拌,混合均匀,常温下熟化 20min,即得产品

试件制备

主要任务:按要求将涂料涂覆于标准板表面

将涂料均匀涂于试验样板上,实干后备用

性能测试

主要任务:关键性能指标检测

按 GB/T 27806—2011 标准测试涂料关键性能指标,测试项目见表 2-28

归纳总结

1. 仪器、设备需要预先清洗干净并干燥。
2. 加黏稠液体原料时用减量法。
3. 加粉状固体料时，加料速度要均匀，且避免挂壁。
4. 搅拌分散转速适中，转速太慢分散研磨效果不好，搅拌太快物料易溅出。

综合评价

对于任务的评价见表2-28。

表 2-28　防腐蚀涂料的制备项目评价

序号	评价项目	评价要点	评价等级
1	产品质量①	在容器中的状态	
		干燥时间/h	
		耐盐水性（浸入3%NaCl溶液中168h）	
		耐湿热型（120h）	
2	生产过程控制能力②	是否按操作规程操作	
		是否在规定时间内达到所需细度要求	
		试件制备，涂料涂覆是否均匀	
		试样测试是否规范、准确	
3	事故分析和处理能力③	能否正确分析出现异常事故的原因	
		能否采用适当方法处理异常事故	

① 按标准合格10分，不合格0分。
② 是10分，否0分。
③ 能10分，不能0分。

任务拓展

环氧沥青防腐涂料的制备，参考中国专利CN200510123437.5《一种水性沥青基环氧树脂防腐涂料及其制备方法》。

参考文献

[1]　高瑾，米琪．防腐蚀涂料与涂装．北京：中国石化出版社，2007.
[2]　一种水性沥青基环氧树脂防腐涂料及其制备方法．CN200510123437.5.
[3]　一种环氧煤沥青防腐涂料．CN201110190387.8.

任务七　示温涂料的制备

示温涂料作为一种新型的特种涂料，以其制造简单、使用方便、适用面广等特点，已广泛应用于航空、电子、电力、机械、医学、石油化工等各个工业领域。为保障安全生产、提高我国科技水平方面作出了一定的贡献，取得了良好的经济效益和社会效益。因此，示温涂料具有广阔的发展前景。

任务介绍

根据配方，制备一种低温可逆示温涂料，将该涂料涂覆于基材表面，赋予材料较好的示温变色性能，要求所制备的涂料关键性能指标达到国家标准要求。

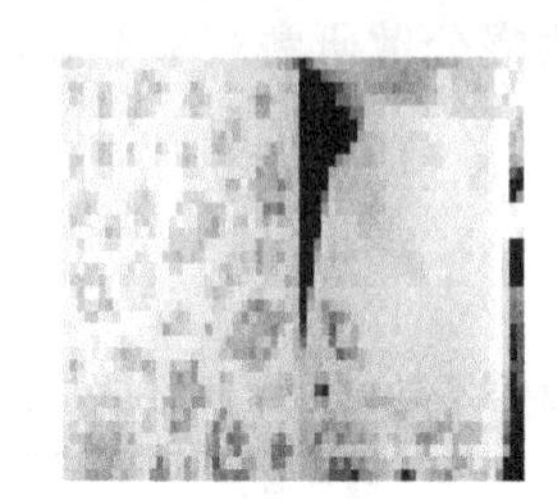

任务分析

通过在涂料的配方中加入变色颜料，使涂料具有遇热变色功能。通过涂料配制，制备出符合国家标准要求的合格的示温涂料。

相关知识

一、示温涂料及其作用

示温涂料又称变色涂料或热敏涂料，属特种功能涂料，是一种利用颜色变化测量物体表面温度及温度分布的特种涂料。其原理是涂层被加热到一定温度时，涂料中对热敏感的颜料发生某些物理或化学变化，导致分子结构、分子形态的变化，外在的表现就是颜色变化，借以指示温度，因而又称为变色涂料或热敏涂料。

热变色的现象被人们注意并加以研究始于100多年前，但示温涂料真正全面发现和应用是和航空航天工业的发展密不可分的，尤其是第二次世界大战前后的一段时期，是示温涂料的黄金时期。目前，示温涂料主要研究和应用的国家有德国、英国、美国、日本、俄罗斯和中国。我国示温涂料研究进展较快，已取得相当的成果。测温范围37～1150℃，品种较多，应用领域不断扩大。

随着科学技术的迅速发展，工业上对温度的控制要求越来越高，特别是在某些用一般测温仪器无法测量和高速转动难以测量的场合。例如：炼油装置的超温报警，通信电缆封接，非金属材料在尖端科学领域中如飞机的发动机涡轮叶片、火焰筒，返回式卫星与大气层摩擦产生的温度等，迫切需要一种能自动显示温度的材料，以解决温度难以监测的问题。近几十年来，世界各国的科学界无不关注这一问题，因此，各种各样的致热变色（示温）涂料应运而生，广泛应用于航空、电力、炼油、电子、机械、食品、卫生、医疗等各个领域。

示温涂料和普通测量工具温度计、热电偶相比，具有下列特点：

① 特别适用于一般温度仪无法测量和难以测温的部件，如高速运转的部件；

② 适用于场测温及结构复杂部件的温度分布测量，并可用于非金属表面测量；

③ 具有最高历经温度“记忆”功能，能够进行后期温度测读，无需即时观察或记录设备；

④ 测量方便、简单、经济、直观，是其他测温手段所不能替代的。

二、示温涂料的分类

根据不同的分类标准，示温涂料通常可以按以下方法进行分类。

1. 根据示温涂料变色后出现颜色的稳定性分类

（1）可逆型示温涂料

可逆型示温涂料是指受热到某一温度时，涂料颜色发生变化，而冷却后又恢复到原来颜色的涂料。可逆型示温涂料又可分为有机可逆型示温涂料、无机可逆型示温涂料、以高分子液晶为基础的可逆型示温涂料。

（2）不可逆型示温涂料

不可逆型示温涂料是指受热到某一温度时，涂料就显示一种颜色，当冷却至常温时，涂料颜色不能恢复到原来颜色的涂料。不可逆示温涂料采用不可逆变色颜料作为示温颜料。

2. 根据示温涂料的变色次数分类

（1）单变色示温涂料

单变色示温涂料是指当温度上升，涂层在某一温度范围只出现一种新的颜色的涂料。

（2）多变色示温涂料

多变色示温涂料是指当温度上升，涂层在不同的温度阶段能出现 2 种以上的新的颜色的涂料。

3. 根据示温涂料的测温范围分类

根据示温涂料的测温范围可将示温涂料分为低温型（＜100℃）、中温型（100～500℃）、高温型（＞500℃），但此种分类方法不常使用。

三、示温涂料的组成

示温涂料主要由变色颜料、漆基、溶剂、填料及其他添加剂组成。

1. 变色颜料

示温涂料不同于一般涂料的地方就在于变色颜料，它是示温涂料的核心或基础。示温涂料正是依靠它的热敏性，在受热到变色点时发生明显的颜色变化，作为指示温度的依据。

众所周知，受热到一定程度会发生颜色变化的颜料品种不胜枚举，但作为示温涂料必须具备下列条件：

① 对热作用敏感，到达预定温度时变色迅速，且这一现象有规律地出现。

② 变色前后色差要大，肉眼明显可分。

③ 变色区间窄，能满足一定的误差要求。

④ 受外界因素影响要小，在光照、潮湿的气候条件下性能稳定。

⑤ 无毒或极低毒性，价格低廉。

常用的变色颜料包括有机物质和无机物质两大类，有机物质耐温性差，一般选作 300℃以下的变色颜料；无机物质耐温性好，往往选作 300℃以上的变色颜料。

可逆型变色颜料主要选用银、铜、汞的碘化合物、络合物或复盐和镍盐、钴盐与六亚甲基四胺所形成的化合物等。它们的变色过程均为物理变化，有的是失去结晶水，有的则进行晶型转变。不可逆型变色颜料的种类比可逆型变色颜料多，这类颜料常用的有铅、镍、铬、锌、钴、铁、镉、锶、镁、钡、钼、锰等的磷酸盐、硫酸盐、硝酸盐、氧化物、硫化物以及偶氮颜料、芳基甲烷颜料等。这些颜料的变色是因为其本身在加热时发生热分解或氧化、化合所引起的，属于化学变化，所以是不可逆的。常见的可逆型无机变色颜料和常见的不可逆型无机变色颜料见表 2-29 以及表 2-30。

表 2-29　常见的可逆型无机变色颜料

变色颜料	变色温度/℃	颜色变化
$CoCl_2 \cdot 2C_6H_{12}N_4 \cdot 10H_2O$	35	粉红色$\rightleftharpoons$天蓝色
$CoBr_2 \cdot 2C_6H_{12}N_4 \cdot 10H_2O$	40	粉红色$\rightleftharpoons$天蓝色
$CoI_2 \cdot 2C_6H_{12}N_4 \cdot 10H_2O$	50	粉红色$\rightleftharpoons$绿色
$NiBr_2 \cdot 2C_6H_{12}N_4 \cdot 10H_2O$	60	绿色$\rightleftharpoons$蓝色
$CoSO_4 \cdot 2C_6H_{12}N_4 \cdot 9H_2O$	60	粉红色$\rightleftharpoons$紫色
$NiCl_2 \cdot 2C_6H_{12}N_4 \cdot 10H_2O$	60	绿色$\rightleftharpoons$黄色
$Co(NO_3)_2 \cdot 2C_6H_{12}N_4 \cdot 10H_2O$	75	粉红色$\rightleftharpoons$绛红色
$Ni(NO_3)_2 \cdot 2C_6H_{12}N_4 \cdot 10H_2O$	75	桃红色$\rightleftharpoons$红紫色
Ag_2HgI_4	50	黄色$\rightleftharpoons$橙色
Cu_2HgI_4	71	红色$\rightleftharpoons$黑色

表 2-30　常见的不可逆型无机变色颜料

变色颜料	变色温度/℃	颜色变化
$NiNH_4PO_4 \cdot 6H_2O$	120	亮绿色→灰蓝色
$Co_3(PO_4)_2 \cdot 8H_2O$	140	粉红色→天蓝色
NH_4VO_3	150	白色→棕色
$(NH_4)_3PO_4 \cdot 12H_2O$	160	黄色→黑色
$Cd(OH)_2$	200	白色→黄色
$Fe_4[Fe(CN)_6]_2$	250	蓝色→棕色
$PbCO_3$	290	白色→黄色
CoC_2O_4	300	粉色→黑色
$(NH_4)_2MnP_2O_7$	400	紫色→白色
Pb_3O_4	600	橙色→黄色

2. 漆基

在示温涂料中，漆基的选择原则，一是耐温性和示温涂料的测温范围相匹配；二是对变色没有不利影响，比如说没有自身的变黑等现象。另外，示温涂料选用的成膜树脂基本上是常温自干型的，其他方面类似通用涂料。

漆基可以使颜料均匀展色，使涂层牢固地附着于被涂材料的表面。通常选用附着力强、耐温性好、颜色浅而不与颜料组分起化学反应的物质，如选用虫胶清漆、氨基树脂、脲醛树脂、醇酸树脂、丙烯酸树脂及乙烯类树脂作低温变色示温涂料的漆基；还可选用酚醛树脂、有机硅树脂、环氧树脂作高温变色示温涂料的漆基。对于同一漆基来说，用量大则变色温度高。

3. 溶剂

选用适当的溶剂可以调节示温涂料漆浆的理想黏度，以便于施工，使被涂物表面得到均匀的涂层。选择溶剂时需考虑它对漆基的溶解性、安全性、挥发速度及价格等。根据挥发速度和与漆基的溶解性，常用的溶剂有醇、酮、酯及苯类等。

4. 填料

填料一般选用耐热性较强的白色粉末，如氧化锌、氧化钙、二氧化钛、二氧化硅、碳酸钡、碳酸镁、高岭土、滑石粉等。填料起助色作用，克服涂料中颜料的沉淀，弥补固体组分的不足，降低涂料成本。填料在温度作用下，某些活化元素对变色颜料能起一种催化或抑制作用，因此当加入不同填料时，会导致变色温度升高或降低。

四、示温涂料的示温原理

1. 可逆型示温涂料的示温原理

(1) 晶型转变

有些变色颜料是一种结晶物质，在一定温度作用下其晶型发生转变，从而导致颜色的改变。当冷却至室温，晶型复原，颜色也随之复原。用这种颜料制成的示温涂料是可逆型的。大多数金属离子化合物，例如 Cu_2HgI_4 以及 Ag_2HI_4 等遇热后晶格发生改变，致使颜色发生变化，冷却后恢复原来的晶型。

(2) pH 值变化

某些物质与高级脂肪酸混合，并加热到一定温度时，酸中离解出的羧酸质子活化，与某种物质作用出现明显的颜色变化。一旦冷却，羧酸质子复原，物质颜色也随之复原。因此可以利用 pH 值随温度变化而改变某种物质颜色的原理达到指示温度的目的。例如，酚酞红与十二烷酸按一定比例混合，25℃时，由红与黄间可逆变化。组成物中导致 pH 变化的可溶性物质伴随温度变化而熔化或凝固时，介质的酸碱变化或受热引起分子结构的变更，致使反应体系产生可逆且迅速的变色。变色的关键是体系中的一个碳原子由 sp^3 杂化态转化为 sp^2 杂化态，原隔开的 π 体系转变为完整的大 π 体系，化合物从无色变为有色。

(3) 失去结晶水

含有结晶水的物质加热到一定温度后，会失去结晶水，从而引起物质颜色变化，一经冷却，该物质又能吸收空气中的水汽，逐渐恢复原来的颜色。因此可以利用这种结晶水的得失变化而引起颜色变化的特性来指示温度。该类示温涂料受热变色迅速，但恢复原色需要较高的湿度以及较长的时间，即其受环境因素影响较大。

2. 不可逆型示温涂料的示温原理

(1) 固相反应

固相反应也是涂料变色的一种原理，利用两种或两种以上物质的混合物，在特定温度范围内发生固相间的化学反应，并生成一两种或更多种新物质，从而显示与原来截然不同的颜色，以此指示温度。

(2) 升华

具有升华性质的某些物质与填料配合显示一种颜色，但当加热到一定温度时（在一定压力下），它由固态分子直接变为气态分子逸出漆基，脱离涂层，此时涂层只显示填料的颜色，利用这一原理可达到示温目的。

(3) 氧化

物质在氧化气氛下加热，可以发生氧化反应生成一种与原组成截然不同的物质，同时产生一种新的颜色，达到指示温度的目的。

(4) 热分解

无论是有机物还是无机物，在一定的温度和压力下，大部分能发生分解反应。这种分解反应破坏了原来的物质结构，分解产物与原来物质的化学性质截然不同，呈现新的颜色。同时伴有气体放出，如 CO_2、SO_3、H_2O、NH_3等。因此可以利用这一性质达到指示温度的目的。

(5) 熔融

多数有固定熔点的有机化合物加入漆基组成，施涂于一种具有吸收性的黑色基材上，涂层呈现白色。加热到一定温度时，有机物熔融，被基材吸收而呈现黑色。这种示温材料通常制成升温贴片。

五、外界因素对示温涂料的影响

每种示温涂料的变色温度都是在一定的条件下确立的，这个温度称为标准变化温度，但是示温涂料在实际应用时，会受各种因素如加热时间、升温速度、周围介质、压力等因素的干扰，了解这些因素对变色温度的影响，是正确使用示温涂料的前提和提高测温精度的保障。

(1) 涂层厚度

一般来讲，涂层越厚，变色温度越高。涂层的厚度一般应在 20～40μm 为宜。

(2) 恒温时间

恒温时间延长，变色温度降低，换言之，在低于规定的变色温度下，长时间加热也可以达到同样的变色效果。

(3) 升温速度

一般来说升温速度快，变色温度也高；升温速度慢，变色温度相应下降。在低于某一温度点时，不论加热多长时间示温涂料不再变色，这一点称为“临界温度”。

(4) 压力

示温涂料一般在常压下使用。一旦压力明显改变时，变色也随之改变。不同类型的示温涂料受影响的程度也不同。

六、示温涂料的施工

示温涂料不同于一般涂料的地方就在于变色颜料，它是示温涂料的核心或基础。示温变色颜料本身是一个不稳定体系（稳定就难于变化），所以其耐光、耐热、耐老化等性能远不及普通颜料，在使用中应加以注意。

1. 示温颜料的保护

(1) 耐光性

示温变色颜料的耐光性较差，在强烈阳光下曝晒下会很快褪色失效，因此其只适合在室内使用。应避免强烈阳光和紫外灯光的照射，这样有利于延长感温变色涂料的使用寿命。

(2) 耐热性

示温变色颜料在短时间内可耐 230℃高温（10min）。但变色颜料在发色状态和消色状态时的热稳定性不同，前者的稳定性高于后者。另外当温度高于 80℃时，构成变色体系的有机物也会开始降解。因此示温变色涂料应避免长期处于高于 75℃的环境。

2. 溶剂的选择

选择溶剂时需要考虑溶剂对树脂的溶解性、安全性、挥发速率及价格等。选用适当的溶剂可以调节感温变色涂料的理想黏度，以便于施工，使被涂物表面得到均匀的涂层。感温变色涂料溶剂的选择还要考虑溶剂对感温粉的影响，要避免选用酮类溶剂，因为酮类溶剂会破坏感温粉的晶体结构，一般选用的溶剂有醇类、酯类和苯类溶剂等。

3. 基材的表面准备

涂漆前表面需经除油、除锈，并用汽油、二甲苯等溶剂清洗干净。

4. 施工黏度及施工条件

用专用稀释剂将涂料稀释到喷涂黏度为15～22s；刷涂黏度为30～50s。施工时，应在通风良好、干燥无尘的环境中进行。

七、示温涂料的配方设计原则

1. 变色颜料的选择原则

变色颜料的选择原则必须符合以下几点要求：

① 对热作用敏感，变色区间窄；

② 变色迅速；

③ 有明显的变色界限，变色前后色差大；

④ 受使用环境的影响小。

2. 基料的选择原则

示温涂料的基料要求是：耐温性好，附着力强，与颜料组分不起化学反应。

3. 溶剂的选择原则

溶剂的选择需要考虑它的挥发速度和与漆基的溶解性。如果溶剂挥发太快，不易施工，漆膜出现刷痕，影响显色；如果挥发太慢，漆膜干燥时间过长，漆膜内各颜料组分将会分层，同样影响变色。

4. 填料的选择原则

填料的选择应利于显色、耐温、增强涂层的附着力。

八、示温涂料的质量检测

示温涂料的性能指标见表2-31。

表2-31　示温涂料的性能指标

序号	检验项目	标准要求技术指标
1	在容器中的状态	无结块，搅拌后成均匀状态
2	细度/μm	≤25
3	干燥时间/h	≤48
4	附着力(划格法)/级	0
5	涂层外观	平整均匀
6	干擦性	不掉粉
7	铅笔硬度	≥H
8	耐水性(25℃，48h)	不起泡，不脱落，不起皱，允许轻微变色
9	耐酸性(5% H_2SO_4，25℃，48h)	不起泡，不脱落，不起皱，允许轻微变色

续表

序号	检验项目	标准要求技术指标
10	耐碱性(5%NaOH,25℃,48h)	不起泡,不脱落,不起皱,允许轻微变色
11	变色温度(水浴)/℃	≤60
12	复色时间(置于24℃室内)/h	≤3

任务实施

一、涂料配方

示温涂料配方见表2-32。

表2-32　示温涂料配方

序号	原　　料	质量分数	序号	原　　料	质量分数
1	有机硅改性环氧树脂	35%～45%	9	滑石粉	18%～24%
2	酞菁蓝G	50%～55%	10	高岭土	15%～22%
3	酞菁蓝GB	25%～33%	11	氧化镁	10%～16%
4	酞菁绿	10%～15%	12	氧化钙	7%～12%
5	无机复合型热变色颜料	14%～20%	13	有机硅偶联剂KH550	45%～55%
6	釉上陶瓷红	75%～85%	14	分散剂毕克104S	45%～55%
7	釉上果绿	15%～25%	15	二甲苯	15%～20%
8	玻璃粉	10%～16%	16	TDI三聚体	5%～10%

二、任务实施步骤

仪器准备

主要任务:仪器的选择与准备

仪器设备:天平,砂磨分散搅拌多用机1台,烧杯(500mL)2个,量筒(100mL)1个,标准板。

公用设备:刮板细度计,线棒涂布器,简易色差计

原料准备

主要任务:按涂料配方准备原料

有机硅改性环氧树脂,酞菁蓝G,酞菁蓝GB,酞菁绿,无机复合型热变色颜料,釉上陶瓷红,釉上果绿,玻璃粉,滑石粉,高岭土,氧化镁,氧化钙,有机硅偶联剂KH550,分散剂毕克104S,二甲苯;TDI三聚体

涂料制备

主要任务:按操作规程完成涂料制备

有机硅改性环氧树脂40g、酞菁蓝GB 0.9g、酞菁蓝G 0.5g、酞菁绿0.3g、无机复合型热变色颜料15g、釉上陶瓷红5.7g、釉上果绿1.4g、玻璃粉1.1g、滑石粉1.4g、高岭土1.7g、氧化镁1.0g、氧化钙1.2g、有机硅偶联剂KH550 1.0g、分散剂毕克104S 1.0g、二甲苯20.0g、TDI三聚体8.0g在砂磨分散搅拌多用机内于1500～2000r/min转速下分散30min,放置60min后,再研磨20min使细度达到30μm,过滤,出料

试件制备

主要任务:按要求将涂料涂覆于标准板表面

用线棒涂布器将涂料均匀涂于石棉或木质标准板上,实干后备用

性能测试

主要任务:关键性能指标检测

按GB/T 9755—2014标准测试涂料关键性能指标,测试项目见表2-31

归纳总结

1. 仪器、设备需要预先清洗干净并干燥。
2. 加黏稠液体原料时用减量法。
3. 加粉状固体料时，加料速度要均匀，且避免挂壁。
4. 搅拌分散转速适中，转速太慢分散研磨效果不好，搅拌太快物料易溅出。

综合评价

对于任务的评价见表 2-33。

表 2-33　示温涂料的制备项目评价

序号	评价项目	评价要点	评价等级
1	产品质量①	在容器中的状态	
		细度/μm	
		干擦性	
		铅笔硬度	
2	生产过程控制能力②	是否按操作规程操作	
		是否在规定时间内达到所需细度要求	
		试件制备，涂料涂覆是否均匀	
		试样测试是否规范、准确	
3	事故分析和处理能力③	能否正确分析出现异常事故的原因	
		能否采用适当方法处理异常事故	

① 按标准合格 10 分，不合格 0 分。

② 是 10 分，否 0 分。

③ 能 10 分，不能 0 分。

任务拓展

150～500℃多变色不可逆示温涂料的制备，参考中国专利 CN101705051A《150～500℃多变色不可逆示温涂料的生产》。

参考文献

[1] 150～500℃多变色不可逆示温涂料的生产．CN101705051A.
[2] 300～800℃多变色不可逆示温涂料．CN101760111A.
[3] 陈立军，沈慧芳，等．示温涂料的研究现状和发展趋势 [J]．热固性树脂，2004，19 (4)：36-40.
[4] 康永．浅析示温变色涂料的机理及发展趋势 [J]．上海建材，2012，3：24-26.
[5] 李昕．示温涂料的变色原理及应用进展 [J]．现代涂料与涂装，2010 (7)：15-17.
[6] GB/T 9755—2014　合成树脂乳液外墙涂料．

任务八　发光涂料的制备

发光涂料广泛用于建筑物装潢，公共场所通道警示标志，高速公路、铁路、机场等交通设施中行车导航指示，以及人造景观、文化艺术品装饰和应急照明等，除了白天可以满足各种要求外，其吸收可见光、紫外光等的激发、蓄能，在夜间或暗处可以持续地发出可见光，给人们的生活和工程作业带来极大的方便，是涂料应用和研究的一个重要领域。

任务介绍

根据配方，制备一种夜光涂料，将该涂料涂覆于基材表面，使涂层具有较好的夜光性能。

相关知识

一、发光涂料及其作用

发光涂料是光功能涂料的一种，它是用发光材料制成的具有发光功能的涂料。

狭义的发光涂料是指含有放射性质的自发光涂料（self-luminous coatings），涂料中含有发光基体和放射性物质，靠放射性物质提供的放射能激发发光，然而由于放射性物质对人体不利，目前已不使用。广义的发光涂料则包括有荧光涂料（fluorescent coatings）和磷光涂料（phosphorescent coatings）。荧光涂料含有荧光颜料，吸收紫外线，发出可见光；磷光涂料含有磷光颜料，吸收光线后发出较长波长的光，又称蓄光涂料。

近年来，发光涂料的应用越来越受到人们的重视。众所周知，2001 年震惊世界的“9・11 事件”，给人们心灵造成极大的创伤，但事件发生时，仍有 18000 人得以逃生。来自美国世贸大楼保安公司的消息表明，世贸大楼中采用的自发光紧急疏散系统，在大楼遭受袭击后的人群疏散中，发挥了非常重要的作用。“9・11 事件”后，生产自发光紧急疏散系统企业的订单大量增加，难怪有媒体称“9・11 事件”催熟自发光材料。而 2000 年中国河南洛阳的大火、烟台大禹号沉船事故，都是因为电致发光紧急疏散系统的电力枯竭而未发挥其应有作用，导致伤亡惨重。

将发光涂料用于汽车车轮轴承和车轮罩部位，不但使汽车在夜间行驶时更加安全，而且也是一种时尚。在隧道内的金属结构涂上发光涂料，可以提高隧道在没有照明情况下的亮度。将发光涂料涂在灯罩内侧及灯的其他零部件上，可以使这些部位在熄灯后仍保持明亮。发光涂料还用于城市亮化工程，传统城市亮化一般采用建筑物表面布设装饰灯的方式，虽然非常美观，但是这种美观是靠耗费大量电能换取的，而采用建筑外墙水性蓄能发光涂料可以取代电灯，节约大量电能。发光涂料还广泛应用于荧光灯、电视机、雷达显示屏、示波器等各种显示屏幕和显示器件及武器的瞄准具、飞机及各种车辆的控制和指示仪表的表盘、交通标牌和交通标志线、广告及标志牌、影剧院和地下商场等建筑物的应急弱照明、玩具和家庭用品的美化装饰等方面。

二、发光涂料的分类

根据发光原理的不同，可将发光涂料分为自发光涂料、荧光涂料、磷光（蓄光）涂料等。

（1）自发光涂料

自发光涂料中不仅添加有蓄光涂料用的材料，而且使用了可以产生放射线能量而发光的物质。它不依靠外来能源而通过自身含有放射性质的放射能，便可经常发出一定的光。开始时用天然的铀作为发光涂料的放射能源，后来利用人工放射性同位素，即用钷（^{147}Pm）和氚（^{3}H）来代替铀达到实用化。其特点是随加入的微量放射线物质的种类和数量不同，发光的余辉度也不尽相同。因含有对人体有害的放射线物质，其应用受到限制。

（2）荧光涂料

含有荧光颜料，吸收紫外线，发出可见光，隔离光源后，立即停止发光，通过日光活化也产生荧光者称日光荧光颜料。荧光涂料的特点是在紫外线照射时发光，停止照射时就立即完全无光。在同等照明条件下，荧光涂料涂层的反射光强远高于普通涂层，具有强的可分辨性。日光荧光涂料的醒目性强于非荧光涂料四倍，也就是可见性延伸了四倍距高。

（3）磷光（蓄光）涂料

磷光涂料又称蓄光涂料，能吸收太阳光或电灯光，蓄光后可发光，其特点是具有吸收—发光—吸收—发光的无数次重复性。其发光颜色和发光时间随时间和所用荧光体的种类不同而各有差别。磷光涂料，属于光致发光涂料。该涂料所使用的发光材料主要是第三代自发光材料（第一代为镭，第二代为硫化锌），即稀土高效蓄光型自发光材料，它在涂料中作为添加剂加入而制得发光涂料。其特点是在吸收日光、灯光、环境杂散光等各种可见光后，在黑暗处即可自动持续发光。它无需电源，同时还具有无毒、无放射性、化学性能稳定等特点。人们常说的“夜光涂料”，通常包括磷光（蓄光）涂料和自发光涂料。

根据发光材料激发方式的不同可将发光涂料分为光致发光涂料、电致发光涂料、射线致发光涂料、热致发光涂料、等离子发光涂料等。

（1）光致发光涂料

所采用的发光材料是可以借助紫外光、红外光、可见光的照射，受到光能的激发而发光的材料。

（2）电致发光涂料

所采用的发光材料在直流或交流电场的作用下，依靠电流和电场的激发发光。该类发光材料目前主要包括直流电压激发下的粉末态发光材料、交流电压激发下的粉末态发光材料、薄膜型电致发光材料、p-n 节型电致发光材料（即发光二极管所用材料）、高聚物电致发光材料等。

（3）射线致发光涂料

所采用的发光材料可分为阴极射线致发光材料（它是由电子来轰击发光材料引起发光现象的材料）和放射线致发光材料（它是由高能的 α 射线、β 射线或 X 射线轰击发光材料而引起发光的材料）。目前应用较多的是阴极射线发光材料和 X 射线致发光材料。

（4）热致发光涂料

所采用的发光材料在热（随温度的变化）的作用下而激发发光。

(5) 等离子发光涂料

所采用的发光材料是在等离子体（一种由自由电子和带电离子为主要成分的物质形态，其中带电粒子有电子、正负离子，不带电的粒子有气体原子、分子、受激原子等）作用下激发而发光的材料。

三、发光涂料的发光原理

发光涂料具有发光的特点主要取决于其中所使用的发光材料的发光性能。发光材料发出荧光或磷光的原理较为复杂。

荧光和磷光是根据余辉的长短区分的。余辉是指激发停止后发光材料发光消失的时间。我国标准规定光源停止照射后，发光涂料的发光亮度降至 0.32mcd/m^2时所需的时间即为余辉（标准号 JG/T 446—2014）。当处于基态的分子吸收紫外-可见光后，即分子获得了能量，其价电子就会发生能级跃迁，从基态跃迁到激发单重态的各个不同振动能级，并很快以振动弛豫的方式放出小部分能量达到同一电子激发态的最低振动能级，然后以辐射形式发射光子跃迁到基态的任一振动能级上，这时发射的光子称为荧光。荧光也可以说成余辉时间≤10^{-8}s 者，即激发一停，发光立即停止，这种类型的发光基本不受温度影响。

如果受激发分子的电子在激发态发生自旋反转，当它所处单重态的较低振动能级与激发三重态的较高能级重叠时，就会发生系间窜跃，到达激发三重态，经过振动弛豫达到最低振动能级，然后以辐射形式发射光子跃迁到基态的任一振动能级上，这时发射的光子称为磷光。当然，磷光也可以说成余辉时间≥10^{-8}s 者，即激发停止后，发光还要持续一段时间。根据余辉的长短，磷光又可以分为短期磷光（余辉时间≤10^{-4}s）和长期磷光（余辉时间≥10^{-4}s），磷光的衰减强弱受温度的影响。

四、发光涂料的生产工艺

发光涂料是将发光颜料、有机树脂或乳液、有机溶剂或水、无机颜、填料、助剂等按一定的比例通过特殊的加工工艺制成的。每一种组分决定着发光涂料的性能。发光涂料的核心是发光颜料（又称荧光颜料、磷光颜料、磷光体、荧光体、荧光物、荧光粉等），其发光性能与颜料的组成、粒度等因素有重要关系。本任务制备的发光涂料为用途最广的磷光（蓄光）涂料。各组分有如下要求。

(1) 蓄光型发光材料

蓄光型发光材料可以是碱土铝酸盐体系、硅酸盐体系或硫化锌等体系。现已开发并成功运用的长余辉性荧光体的种类和性能见表 2-34。

表 2-34 实用长余辉性荧光体的种类和性能

荧光体组成	发光颜色	发光峰值波长/nm	余辉辉度①/(mcd/m^2)		余辉时间②/min
			10min 后	60min 后	
$CaAl_2O_4$:Eu、Nd	紫蓝色	440	20	6	1000 以上
CaSrS:Bi	蓝色	450	5	0.7	约 90

续表

荧光体组成	发光颜色	发光峰值波长/nm	余辉辉度①/(mcd/m²)		余辉时间②/min
			10min 后	60min 后	
$Sr_4Al_{14}O_{25}$:Eu、Dy	蓝绿色	490	350	50	2000 以上
$SrAl_2O_4$:Eu、Dy	黄绿色	520	400	60	2000 以上
$S_4Al_2O_4$:Eu	黄绿色	520	30	6	2000 以上
ZnS:Cu	黄绿色	530	45	2	约 200
ZnS:Cu、Co	黄绿色	530	40	5	约 500
CaS:Eu、Tm	红色	650	1.2	—	约 45

① 按 3mm 荧光体试样，以日本工业标准 JIS Z 8720 中规定的常用光源 D_{65} 的 1000lx 光照射 5min 后，分别在 10min 后和 60min 后的余辉辉度。

②余辉辉度衰减至 0.3mcd/m² 所经历的时间。

注：mcd=milli-candela（毫坎德拉）；candela：新烛光（发光强度单位，为 0.981 国际烛光）。

其中余辉时间较长的荧光体是以铝酸锶或铝酸钙为结晶母体，在母体里添加铕（Eu）作为激活剂，再添加镝（Dy）和钕（Nd）作为激活助剂的荧光体。其制造方法是在高纯度的氧化铝中，按需要量加入碳酸锶、氧化铕、氧化镝，再添加适量的助熔剂充分进行混合，在还原性气氛下于 1350℃下锻烧 3h 而成。将所得到的烧结体进行粉碎，用 250 目分样筛进行分级而制成粒度为（20±5）μm（激光法的 D_{50} 值）的产品。

（2）蓄光材料的质量和用量

磷光体种类和质量决定蓄光涂料涂层发光亮度和余辉时间。生产磷光体通常采用高温固相反应技术，把适当成分的化合物按一定的比例混合，按预定的时间和温度灼烧而成。灼烧后粉碎，用水或稀酸等洗涤处理，然后过滤、烘干、筛选即得成品。为了提高磷光体的发光效率，应严格控制原材料中一些特定杂质元素的含量，且对磷光体的晶体形貌、颗粒尺寸及粒度分布都有一定要求。磷光体的亮度随粒径增大而提高，但其遮盖力和分散能力下降，如 NEMOTO 生产的 GSS 蓄光颜料最佳粒径为 19～25μm。

涂层中磷光体含量和涂层厚度均对涂层发光性能有影响。在磷光体含量不变的情况下，涂层的亮度和余辉时间均随厚度的增大而增大，但这种趋势有一极限，当磷光体含量达到一定值（如 15%）时，亮度不再随厚度的增大而增大；在涂层厚度不变的情况下，涂层亮度和余辉时间随磷光体含量的增加而增加。因此，蓄光材料的用量一般控制在 15%～50%范围内，30%是较为理想的配比。

（3）树脂及底材

磷光体选定后，树脂（清漆）组成对涂料的发光性能亦有影响，所选择的树脂（清漆）应该有较好的透光性，发光涂料成膜后为半透明，树脂（清漆）的颜色对其发光亮度有影响。所以选树脂、清漆时应以无色或浅色、透明度好为原则。发光颜料为弱碱性物质，选择树脂为中性或弱酸性。选择树脂或清漆的品种：环氧树脂（E440）、聚氨酯树脂（或清漆）、氨基清漆、聚酯树脂（或清漆）、丙烯酸树脂（或清漆）、羟基丙烯酸树脂、丙烯酸聚氨酯清漆（双组分）。色泽浅的醇酸清漆、氟树脂等。

以环氧树脂和不饱和聚酯分别作为载体配制长余辉荧光涂料，由于载体不一样，它们的发光性也有差异。采用某新型蓄光材料的各种塑料制品的余辉特性见表 2-35。

表 2-35 采用某新型蓄光材料的各种塑料制品的余辉特性

塑　料	10min 后余辉辉度/(mcd/m^2)		塑　料	10min 后余辉辉度/(mcd/m^2)	
丙烯酸树脂	390	200	ABS 树脂	260	110
聚乙烯树脂	130	130	聚甲醛	110	—
聚丙烯	270	190	聚氨酯	198	140
聚碳酸酯	180	120			

注：试样为板状成型品，2.7mm 厚，测试条件：D_{65}常用光源，400lx，光照 20min。

底材的颜色也会对发光性能产生影响。蓄光涂层被涂底材为白色时，涂覆后的发光亮度效果最佳。例如，涂覆厚度为 0.1mm 的蓄光涂料在白色底色上的减光设定为 0，则在银色上为 10%～15%，绿色上为 30%～35%，在黑色上则达到 45%～50%。所以，为提高荧光涂料发光效率常配用白色底漆。另外，蓄光涂料的本体色也受底色影响。涂覆后再涂一层 UV 透明清漆，有提高光稳定性和防污的功能。为增加亮度有的还采用抛光手段使涂膜平滑。

(4) 生产工艺

发光涂料的制作工艺技术直接影响着其发光性能和应用特性，因此，需要严格控制工艺条件。并应注意下列事项：

① 配制涂料应使用玻璃或搪瓷类容器。

② 蓄光材料的粒径尽可能小些，以使材料均匀地分布在涂料中。

③ 配制涂料时不可研磨，应采用高速搅拌的方法。无机磷光体是晶体发光，如果加压使晶体碎裂将使发光亮度降低，所以一般不使用滚磨等加工手段，而要求将载体与磷光体在使用时搅拌混合。

④ 蓄光材料的相对密度在 3.6～4.1，配制涂料时很容易下沉，因此需要使用防沉降剂，这样可以提高发光涂料的贮存期。

⑤ 不能使用重金属化合物作助剂。

五、发光涂料的施工

发光涂料的施工可采用刷涂、喷涂、刮涂等方式。被涂物品在喷涂发光涂料前应涂覆白色反光层。可提高其发光亮度。发光涂料涂层上涂以清漆，目的是提高涂层的光泽度和耐候性。涂层厚度控制在 100～150μm，发光效果最佳，又能节约蓄光材料，最为经济。施工前，应调整其黏度，并搅拌均匀。

日本 SHINLOIHI 公司 BEAM LITE 发光涂料系列施工配套体系标准施工工艺参考如表 2-36 所示。

表 2-36 BEAM LITE 100# （适用于金属表面，单组分）施工工艺

步骤	道数	操　作	烘烤条件	用量/(g/m^2)	厚度/μm
1. 预处理		除锈、油斑、化学处理底材表面，然后涂防腐漆			
2. 白色中涂层	1	刷涂丙烯酸或三聚氰胺型白漆并 5min 后烘烤	120℃，20min	130～135	30～50

续表

步骤	道数	操作	烘烤条件	用量/(g/m^2)	厚度/μm
3. 发光涂料	1	BEAM LITE 100$^{\#}$:100PHR[①] BEAM LITE 100$^{\#}$稀释剂:20～30PHR(12s±1s)/20℃,用HIS 2$^{\#}$杯稀释并混合均匀。仔细喷涂并在10～15min后烘烤	140～145℃,20～25min	200～400	100
4. 清漆涂料	1～2	BEAM LITE 100$^{\#}$清漆:100PHR BEAM LITE 100$^{\#}$稀释剂:25～30PHR(18～20s/20℃,用HIS 2$^{\#}$杯稀释并混合均匀。仔细喷涂并在10～15min后烘烤)	140～145℃,20～25min	150～200	20～30

① PHR：per hundred parts resin，每百份树脂。

六、发光涂料的质量检测

按照标准JG/T 446—2014《建筑用蓄光型发光涂料》的规定，建筑用蓄光型发光涂料根据使用环境，分为Ⅰ、Ⅱ和Ⅲ型。Ⅰ型适用于室内建筑装饰工程，Ⅱ型适用于室外建筑工程装饰，Ⅲ型适用于隧道工程。试样样板制备要求见表2-37。

表2-37 试样样板制备要求

检验项目	制板要求					
	底材类型	试板尺寸/mm	数量/块	线棒涂布器规格		试板养护期/d
				第一道	第二道	
干燥时间	无石棉水泥平板	150×70×(4～6)	1	100		—
施工性、涂膜外观		430×150×(4～6)	1	涂刷2道		—
耐水性、耐碱性、耐酸雨性、附着力、涂层耐温变性、耐沾污性、耐人工气候老化性(外观、粉化、变色项目)	无石棉水泥平板	150×70×(4～6)	各3	120	80	7
耐洗刷性	无石棉水泥平板	430×150×(4～6)	2	120	80	7
发光亮度、余辉时间、耐人工气候老化性(发光亮度下降率、余辉时间)[①]	铝合金板	ϕ50,厚度(0.2～0.3)	2	规格为200μm的间隙式湿膜制备器刮涂一道		7

① 制样前先预涂两遍白色涂料，漆膜反射率应为85%±2%。

具体技术指标如表2-38所示。

表2-38 建筑用蓄光型发光涂料技术指标

序号	项目	指标		
		Ⅰ型	Ⅱ型	Ⅲ型
1	在容器中状态	无硬块,搅拌后呈均匀状态		

续表

序号	项目		指标		
			Ⅰ型	Ⅱ型	Ⅲ型
2	施工性		刷涂二道无障碍		
3	涂膜外观		正常		
4	干燥时间(表干)/h		≤2		
5	耐水性		—	96h 无异常	168h 无异常
6	耐碱性		24h 无异常	48h 无异常	168h 无异常
7	耐酸性		—	—	48h 无异常
8	附着力(划格法 2mm)/级		≤1		
9	涂层耐温变性(3 次循环)		—	无异常	
10	耐洗刷性/次		≥1000	≥2000	≥5000
11	耐沾污性(白色和浅色①)/%		—	≤20	
12	发光亮度/(mcd/m^2)	激发停止 10min 时	≥50.0		≥50.0
		激发停止 1h 时	≥7.0		≥10.0
13	余辉时间/h		≥12		
14	耐人工气候老化性	外观	—	250h 不起泡、不剥落、无裂纹	600h 不起泡、不剥落、无裂纹
		粉化/级		≤1	
		变色/级		≤2	
		发光亮度下降率/%		≤20	
		余辉时间/h		≥10	

① 浅色是指以白色涂料为主要成分，添加适量色浆后配制成的浅色涂料形成的涂膜所呈现的浅颜色，按 GB/T 15608 中规定明度值为 6～9 之间（三刺激值中的 $Y_{D_{65}}$≥31.26）。

任务实施

一、涂料配方

水性长余辉发光涂料配方见表 2-39。

表 2-39 水性长余辉发光涂料配方

序号	原料	质量份	序号	原料	质量份
1	防腐剂 TMTD	2	7	发光粉($Sr_2Al_2O_4:Eu_{0.05}Dy_{0.1}$)	240
2	乙二醇(成膜助剂)	20	8	硅丙乳液	560
3	改性聚丙烯酸钠(增稠剂)	8	9	Texanol(成膜助剂)	22
4	聚羧酸钠盐	8	10	聚氨酯缔合增稠剂	4
5	乳化硅油(消泡剂)	1	11	乳化硅油(消泡剂)	1
6	硅、酯、乳化剂复合消泡剂	2	12	水	200

二、任务实施步骤

仪器准备

主要任务:仪器的选择与准备

仪器设备:天平,砂磨分散搅拌多用机 1 台、烧杯(500mL)2 个、量筒(100mL)1 个,试板、药匙、滴管等。

公用设备:刮板细度计、斯托默黏度计

原料准备

主要任务:按涂料配方准备原料

防腐剂 TMTD、乙二醇(成膜助剂),改性聚丙烯酸钠(增稠剂),聚羧酸钠盐,乳化硅油(消泡剂),硅酯乳化剂复合消泡剂,发光粉($Sr_2Al_2O_4:Eu_{0.05}Dy_{0.1}$),硅丙乳液,Texanol(成膜助剂),聚氨酯缔合增稠剂,水

涂料制备

主要任务:按操作规程完成涂料制备

先将水加入砂磨分散搅拌多用机,在低速下(小于 350r/min)依次加入防腐剂 TMTD、乙二醇(成膜助剂)、改性聚丙烯酸钠(增稠剂)、聚羧酸钠盐、乳化硅油(消泡剂)、硅酯乳化剂复合消泡剂,混合均匀后,将发光粉缓慢加入叶轮搅起的旋涡中,加完后,适当提高搅拌转数至分散均匀,完毕后再低速(小于 350r/min) 下逐渐加入 Texanol(成膜助剂)、聚氨酯缔合增稠剂,分散均匀即可

试件制备

主要任务:按要求将涂料涂覆于测试板表面

按 JG/T 446—2014《建筑用蓄光型发光涂料》规定的制板要求制板。测试项目及相关制板要求见表 2-38

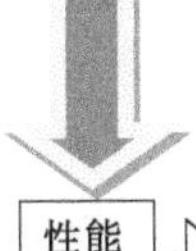

性能测试

主要任务:关键性能指标检测

按 JG/T 446—2014《建筑用蓄光型发光涂料》标准测试发光涂料关键性能指标,测试项目见表 2-37

归纳总结

1. 仪器、设备需要预先清洗干净并干燥。
2. 加黏稠液体原料时用减量法。
3. 加粉状固体料时,加料速度要均匀,且避免挂壁。
4. 搅拌分散转速为低转速。

综合评价

对于本任务的评价见表 2-40。

表 2-40　发光涂料的制备项目评价

序号	评价项目	评　价　要　点	评价等级
1	产品质量①	在容器中状态	
		涂膜外观	
		干燥时间(表干)/h	
		发光亮度/(mcd/m^2)	
2	生产过程控制能力②	是否按操作规程操作	
		是否在规定时间内达到所需细度要求	
		试件制备,涂料涂覆是否均匀	
		试样测试是否规范、准确	

续表

序号	评价项目	评　价　要　点	评价等级
3	事故分析和处理能力[3]	能否正确分析出现异常事故的原因	
		能否采用适当方法处理异常事故	

① 按标准合格 10 分，不合格 0 分。
② 是 10 分，否 0 分。
③ 能 10 分，不能 0 分。

任务拓展

改性树脂类防水涂料的制备，参考中国专利 CN102372964A《夜光涂料》制备夜光涂料，可用于公共场所应急指示、室内外装饰等。

附　录

一、中文科技文献检索

网站名称	网址
万方数据库	www. wanfangdata. com. cn
维普数据库	http://www. cqvip. com
中国知网数据库	http://www. cnki. net/

二、中国专利检索

网站名称	网址
中国知识产权局	http://www. sipo. gov. cn
中国专利信息中心	http://www. cnpat. com. cn/
专利搜索引擎	http://www. soopat. com/Home/Index
佰腾网	http://www. baiten. cn/
中国专利下载站	www. drugfuture. com/cnpat/cn_patent. asp

三、国外专利检索

网站名称	网址
欧洲专利局	http://worldwide. espacenet. com/
美国专利局	http://patft. uspto。gov/netahtml/PTO/search-bool. html
日本专利局	http://www. ipdl. inpit. go. jp/homepg_e. ipdl
佰腾网	http://www. baiten. cn/
欧洲专利下载站	http://www. drugfuture. com/eppat/patent. asp

四、标准检索

中国标准：

网站名称	网址
中国标准服务网	http://www. cssn. net. cn
国家标准化管理委员会	http://www. sac. gov. cn
标准分享网	http://www. bzfxw. com/
我要找标准	http://www. 51zbz. com/
标准下载网	http://www. bzxzw. com/

国外标准：

网站名称	网址
国际标准化组织(ISO)	http://www. iso. ch/iso/en/ISOOnline. frontpage
美国国家标准学会(ANSI)	http://web. ansi. org/public/search. html

五、化学品安全数据查询方法

1. 中国环保网《危险品档案库》网上查询网站 http：//www.ep.net.cn/msds/

2. 国家安全生产监督管理总局危险化学品查询网站：

http：//www.chinasafety.gov.cn/whpcx.htm